60分でわかる！ THE BEGINNER'S GUIDE TO DEEP LEARNING

ディープラーニング最前線

ディープラーニング研究会 著
関根嵩之（株式会社リクルート） 監修

Contents

Chapter 1
今から追いつく！　ディープラーニングの基本

Chapter 2
そうだったのか！　ディープラーニングのしくみ

Chapter 3 これでわかった! ディープラーニング開発の第一歩

Chapter 4
次世代ビジネスを左右する! ディープラーニングの応用例

Chapter 5
これからどうなる？　ディープラーニングの未来

Chapter 1

今から追いつく!
ディープラーニングの基本

001

ディープラーニングとは何か

人間の神経回路をモデル化したニューラルネットワーク

今やあらゆる産業の発展のカギを握る技術として大きな注目を集めているのが「**ディープラーニング**」(Deep Learning：深層学習)です。ディープラーニングを理解するには、まず「**AI(人工知能)**」と「**機械学習**」の概要を知る必要があります。AIとは、「**人間の知的能力(の一部)をコンピュータ上で実現する**」ことが目的の研究分野です。機械翻訳で重要になる「自然言語処理」や、顔認識や自動運転を左右する「画像認識」、音声入力に欠かせない「音声認識」といった技術に、現在のAI研究が生かされています。

AIがデータから学習することを、機械学習と呼びます。たとえばAIに「犬」を学習させるとします。それにはまず犬の画像を大量に読み込ませ、やがてデータの中から犬の**特徴量**(特徴のこと)を見つけ出させることで、AIに犬と犬以外の画像の違いを学習させます。これが機械学習です。

本書で扱うディープラーニングもまた、このような機械学習の手法の1つです。従来の機械学習との大きな違いは、**それまで人間が教えなければいけなかった特徴量を自発的に発見する**、という点です。たとえるならば、初めて犬を見た子どもが、やがて親から教えられなくても自然に犬を認識していく過程に似ています。

自発的な学習のカギは、「ニューロン」と呼ばれる神経細胞のネットワーク構造を模した「**ニューラルネットワーク**」です。この概念を利用することでAIは、人間に見つけられないような特徴量すら発見できるようになりました。

ディープラーニングの位置づけと概要

ディープラーニングの位置づけ

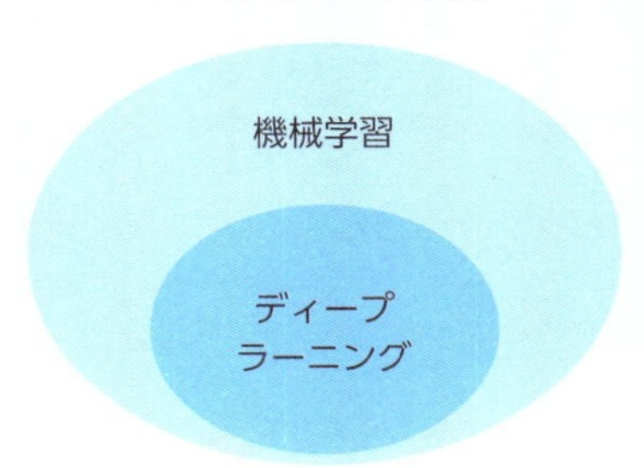

▲AIは「人間と同じように考える」ことを目指す「汎用型人工知能」と「人間の知的作業の一部を担う」ことを目指す「特化型人工知能」に分かれており、ディープラーニングは後者だ。

ディープラーニングの概要

002

ディープラーニングでできること

大量のデータを分析し、模倣と解析を行う

ディープラーニングは、「**ビッグデータ**」と呼ばれる大量のデータをもとに、膨大な試行回数によるトレーニングで学習精度を向上させるしくみです。とりわけ、「**画像認識**」「**音声認識**」「**自然言語処理**」の3つの分野において目覚ましい活躍を見せています。

画像認識とは、**画像の特長を抽出することで、そこに写っているのが何なのかAIが判断する技術です**。その典型的な応用例である「顔認証」は、まず人の画像から顔を検出し、その中から眉間の長さなど経年変化しない特徴量を見つけ出すことで個人を特定しています。また、静的な画像情報だけでなく、車載カメラの映像を分析して「１秒後に対向車がどこまで進むか」といった動的な画像情報を予測することも可能になりました。

音声認識とは、**空気の振動である音の時間軸と音圧を分析することで、人の音声が何を意味しているか判断する技術です**。こちらは「Siri」などのAIアシスタントに活用されています。音声を聞き取るだけではなく、正しいイントネーションでAIが言葉を喋ることもできるようになりました。

自然言語処理とは、人間が日常的に使用している言語を理解する技術で、主に機械翻訳の分野で成果を上げています。**膨大なテキストを単語だけではなく文章単位で分析し、それぞれの言葉の持つ意味や関係を学習させています**。

いずれの技術も人間をはるかに凌駕する認識能力が目指されており、GoogleやAmazonといった巨大企業が投資を続けています。

模倣と認識が得意なディープラーニング

▲近年では、AI導入コストと成果が合うかどうかの見極めを含めたソリューションを提案する企業なども多数存在する。

003
「AlphaGo」の、早すぎた勝利と敗北

囲碁AI「AlphaGo」と、それを圧倒した「AlphaGo Zero」

2016年3月、AIの力を世に知らしめる出来事が起こりました。囲碁AI「AlphaGo」が、世界トップレベルのプロ棋士イ・セドル九段を、4勝1敗で下したのです。囲碁の打ち手はチェスや将棋をはるかに凌駕する10の300乗ともいわれており「AIが囲碁で人間に勝利するのはまだ先の話」とささやかれていた中での勝利でした。

さらに2017年10月、自己対戦のみで学習する新バージョン「AlphaGo Zero」が登場。こちらはわずか3日間で、あのAlphaGoに100戦100勝するという恐るべき強さへと成長してしまいました。

AlphaGoの強さの核となっていたのは、総当たりのような機械的作業ではなく、ビッグデータに裏打ちされた力です。一方のAlphaGo Zeroが与えられたのは囲碁のルールのみで、**過去の人間の対戦データなどに頼らず、ひたすら自己との対戦をくり返しました**。最初は素人同然の手を打っていましたが、たちまち正確な手を覚えていき、勝利につながる打ち筋とそうでない打ち筋を次々と学習していったのです。

囲碁のようにはっきりとルールが決まっているゲームにおいては、必ずしもビッグデータが必要とはされません。**そのため、AI開発のコストが大幅に削減できます**。事実、AlphaGo Zeroはたった1つのニューラルネットワークのみで稼働し、使用するTPU（Googleが開発した機械学習用の集積回路）もAlphaGoの48個に対してわずか4個でした。この成果は、**新薬の開発といったビッグデータが用意しにくい分野でも貢献が期待されています**。

「AlphaGo」と「AlphaGo Zero」のしくみ

「AlphaGo」のしくみ

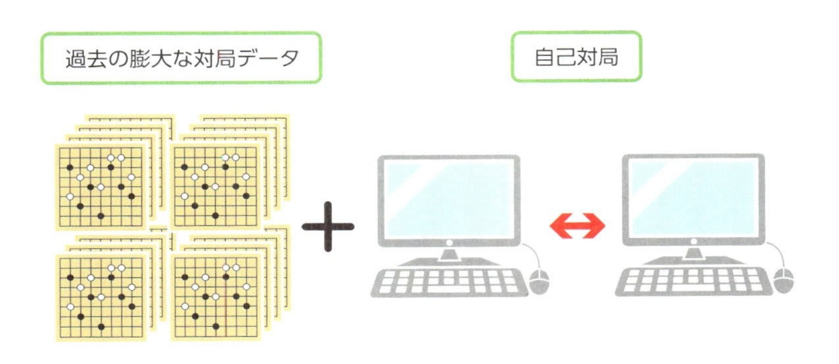

▲「AlphaGo」は、人間の対局データから学んだが、そもそも人間の打った手にはあまり合理的でないものもあり、正確さに欠ける。

「AlphaGo Zero」のしくみ

▲ルールのみを学んだ「AlphaGo Zero」は、初期段階の学習スピードこそやや劣っていたものの、最終的には「AlphaGo」をはるかにしのぐ強さを手に入れた。

004

第3次AIブームは、ここが違う!

インターネットにより、ブームがあらゆる世代へ拡散

最初の「AIブーム」は1950～60年代に勃興しました。**人間の神経回路を模することで人工的に知能を作り出せるのではないか**、といった考えかたが出てきたのもこの時代です。その後1970年代に入ると、土台となるコンピューターの性能がまだ低かったこともあり、AI研究は冬の時代を迎えます。続いて1980年代、コンピューターが企業や個人でも所有されるようになると、AI研究は再び注目を集めるようになり、「第2次AIブーム」の幕が上がります。当時のAI研究は、専門家のように特定の分野にのみ特化した「エキスパートシステム」と呼ばれるものが主流で、その中には商業的に成功を収めたAIも登場しています。とはいえ、応用できるのはごく限定的な分野に限られていたため、AIへの期待は再び低下し、1980年代後半にはブームは終わってしまいました。

そして2000年代、**ディープラーニングの発明がブレイクスルーとなり、現在に至る「第3次AIブーム」が始まります**。コンピューター性能の向上に加え、インターネットによる膨大なデータの獲得が容易になったことにより、AIの応用分野は一気に広まりました。

いまや多くの企業がAI開発に取り組んでいます。教育分野においても、2020年度から小学校で「プログラミング教育」が必修化するなど、現在のAIブームは、ある世代に限定されたものではなく、未来を見据えた包括的な取り組みであることがわかります。

AIブームのあゆみ

第1次AIブーム 1950年代 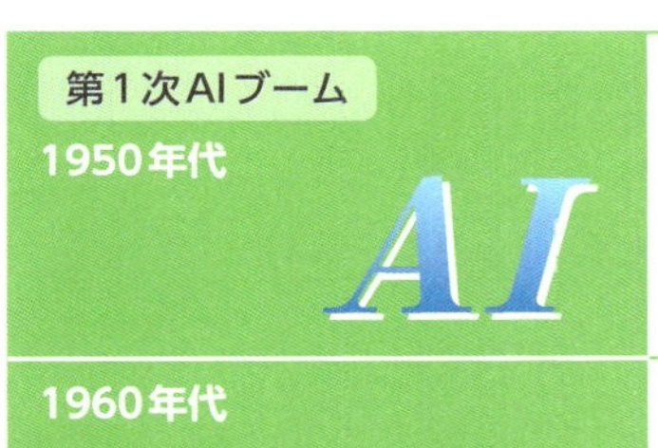 	・ダートマス会議で、AIという名称が初出。 ・AIの基礎的な技術はこの頃すでに登場していた。
1960年代 	・AIに適したプログラミング言語が開発される。 ・コンピューター性能の低さによる限界が指摘される。
冬の時代 1970年代	・AIの限界を受けて、研究に対する批判が高まる。 ・脳神経系の構造を模した「ニューラルネットワーク」の研究は続行。
第2次AIブーム 1980年代  	・機械学習が本格化される。 ・「エキスパートシステム」が商用化。 ・日本国内でも通商産業省（現・経済産業省）がAIのプロジェクトを推進する。
冬の時代 1990年代 	・ルールが膨大となったエキスパートシステムが管理不可能に。 ・データベース維持の労力とコストが高まる。
第3次AIブーム 2000年代 	・ディープラーニングが発明される。 ・IBMのAI「ワトソン」がクイズ番組で優勝。 ・GoogleのAIが猫を認識。 ・「AlphaGo」がトップ棋士に勝利。

▲今後は、リスクや課題を取り込みつつ雇用のバランスなども考慮してディープラーニングを導入していくことが重要となる。

005

ネイティブ並みの発音を手にしたAIアシスタント「Siri」

秘密はディープラーニングによる音声合成

音声入力に対応し、自然言語処理を利用してユーザーの命令を理解するAIアシスタント「Siri」。登場した当初は話題にこそなったものの、音声認識の精度に不満を持つ声も多くありました。しかし2014年以降、ディープラーニングを取り入れることで音声認識の精度はもちろん、近年は発音が非常に自然になっています。

Siriのように、機械に言葉を喋らせる技術を「**TTS（Text to Speech）**」といいます。SiriのTTSは、電車の停車駅アナウンスのような決まった定型文を再生する技術とは異なります。アナウンスであれば、定型文全体を録音し、それを必要なタイミングで再生するだけですが、Siriのような個人用AIアシスタントが喋る内容はユーザーの命令によってさまざまなので、それらすべてをあらかじめ録音することは不可能です。

そのため、録音した言葉を細かい音の断片にわけて加工し、継ぎ接ぎすることで音声を合成しています。しかし、やはり細かいアクセントや抑揚まで再現するのは非常に困難とされてきました。

その困難を解決しつつあるのが、ディープラーニングです。**適切な音韻とイントネーションを特徴量として自ら見つけ出すことで、SiriのTTSはiOS 10から単語の継ぎ目の不自然さが劇的に改善されたのです**。2017年秋に登場したiOS 11では声の質にもこだわり、数百人の女性の声をテストし、20時間以上のスピーチを録音しました。ついに流暢といってよいレベルに達しています。

Siriの進化

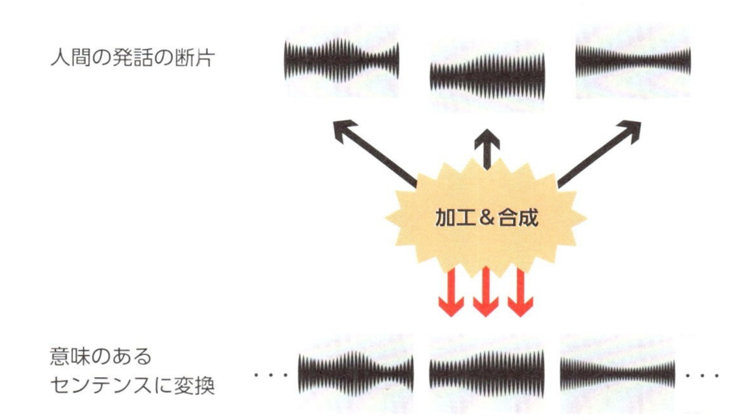

▲「Siri」の音声合成技術は、細かい音の断片の加工と継ぎ接ぎで実現されている。
参考：https://machinelearning.apple.com/2017/08/06/siri-voices.html

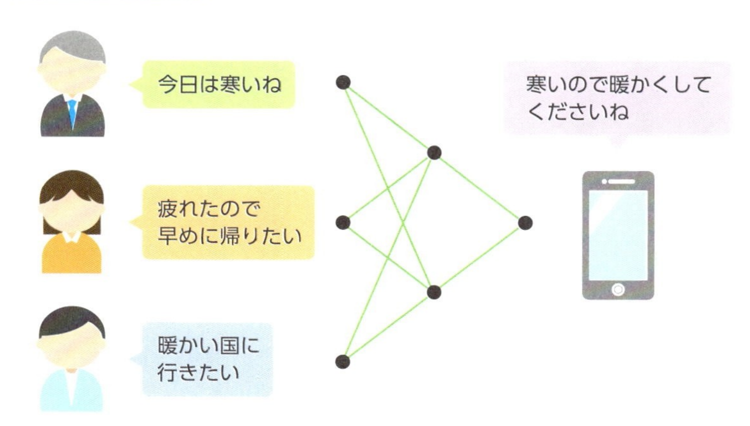

▲ユーザーの発話をデータベースとし、読み方やアクセントの情報をニューラルネットワークで補う。それらが合成されることで、自然で多様な音声が合成可能になる。

006

Google翻訳が自然な翻訳文を学ぶまで

精度を飛躍的に高めた「ニューラル翻訳」

従来の機械翻訳は、あらかじめ人間がルールや知識を全て用意し、それらに基いて機械が判断をする「ルールベース」という手法によるものが主流でした。その出来はというと、それぞれの単語を変換して並べるだけで、翻訳された文章はとても実用的とは呼べませんでした。

しかし2016年秋、Google翻訳が「**ニューラルマシン翻訳（NMT）**」と呼ばれるシステムを導入したことで、機械翻訳は革命的な進化を遂げました。

NMTは、従来の辞書データのみに頼った直訳的な文章とは違い、人間の翻訳した文章を丸ごと取り込みます。これにより、**大量の文章の中で、どの単語とどの単語がどのように使用されているか、といった関係性を学習することができるのです**。そのため口語的な表現や、翻訳してしまうと不自然になる単語をあえて省略するといった人間らしい翻訳文に近付けることが可能になりました。ただし、ニュアンスの表現が洗練されたぶん、肝心の翻訳内容そのものが間違っていたとしても気が付かない可能性も指摘されています。また、「子ども」「帰宅」「夜」という3語から「子どもが夜遅く帰宅したので心配だ」といったような常識的なセンテンスを導き出すことも、いまだ難しいとされています。そのため、小説や脚本といった細かいニュアンスを描写するジャンルでは不十分ですが、法文や論文といった公的な文章であれば、すでに実用レベルにあるといってよいでしょう。

「ニューラル翻訳」と「ルールベース」の翻訳との精度の違い

「ルールベース」翻訳のしくみ

My ⟶ 私の
Name ⟶ 名前
Is ⟶ は
Taro. ⟶ 太郎
です

単純な
文章なら OK

1 つ 1 つの単語を直訳

「ニューラル翻訳」のしくみ

Neural machine translation (NMT) is an approach to machine translation that uses a large artificial neural network to predict the likelihood of a sequence of words, typically modeling entire sentences in a single integrated model.

ニューラル・マシン・トランスレーション（NMT）は、大規模な人工ニューラル・ネットワークを使用して、一連の単語の可能性を予測する機械翻訳へのアプローチである……

人間の翻訳文をまるごと学習

▲英語を日本語に変換するには、まずそれぞれの単語を数値の組み合わせに変換する。その後、英語と日本語の翻訳に特有の規則性に従って計算し、日本語の文が出力される。

007

ちょっとした返信はAIにおまかせ!

メールの返信内容を提案する「スマートリプライ」

メールの返信方法も、ディープラーニングによって変化が生じています。それが、2018年からGmailに搭載された新機能「スマートリプライ」です。

スマートリプライとは、メールの返事を自動で作成してくれる機能です。受信メールに自動返信する機能であれば、昔から多くのメールサービスが提供してきました。しかし、従来の自動返信機能は、留守中の応答などを任せる留守番電話のメッセージと同様、ユーザーがあらかじめ設定しておいたテキストをそのまま利用するだけで、技術的な新しさとは無縁でした。

Gmailのスマートリプライは、**受信したメールの内容に合った返信メッセージの候補をユーザーに提示してくれます**。つまり、受信したメールの内容を理解し、適切な返信メッセージをユーザーに提案するというものです。

そして、スマートリプライ機能を実現しているのが、言うまでもなくディープラーニングです。現時点のスマートリプライ機能が提案してくれる返信候補は、「了解しました」「ありがとうございます」「申し訳ありません」といったひと言が多く、どちらかというとメールよりメッセージアプリに向いた機能ですが、待ち合わせなどちょっとしたやりとりであれば、かなりの確率で適切な返信が提案されるため便利です。この機能は、Googleが提供するチャットサービス「Hangouts Chat」にも活用されています。

返信内容は自動生成される

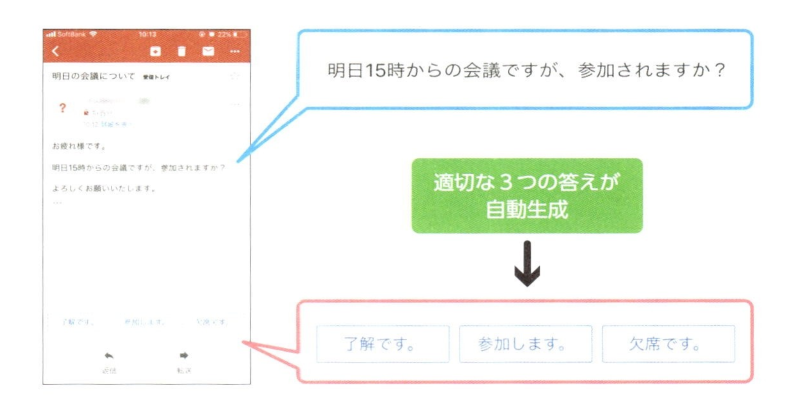

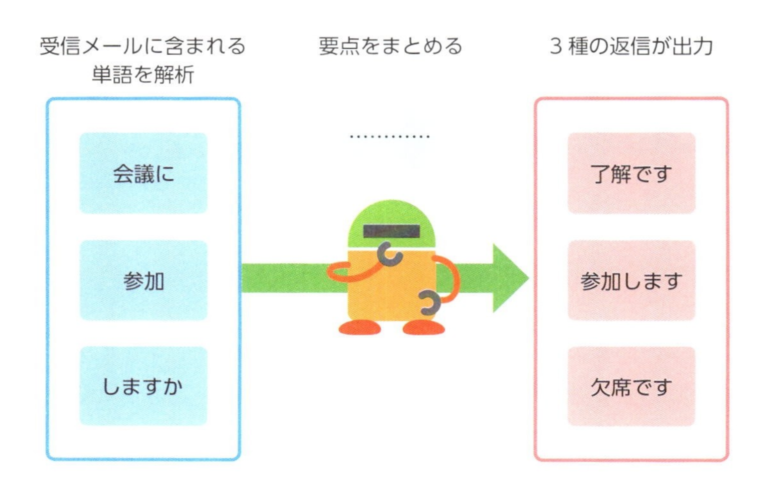

▲これらの返信文はあくまで自動生成されているため、Googleのスタッフがメール内容を見て学習させているわけではない。

008

女子高生AI「りんな」の可能性

トークから歌までこなすAIが、投資信託のヒアリングに貢献?

2015年、Microsoftが会話ボット「りんな」を発表しました。「りんな」は女子高生という設定で、LINEアカウントやTwitterアカウントをフォローすると、誰でも会話を楽しむことができます。「りんな」の会話の大きな特徴は、たとえば「明日は晴れるかな?」という問いかけに対し、「晴れです」といった答えを教えるのではなく「どこか出かける予定でもあるの?」など、**会話そのものが続くような返答をする点です**。その背後ではディープラーニングが活用されており、**インターネット上のデータや自身が行った会話履歴をもとに、返答に適した単語のランク付けを高速で行っています**。

2016年になると「りんな」は歌にも挑戦すべく、「McRinna」と題したミュージックビデオを披露します。この時点ではまだ機械的な歌声でしたが、2018年1月、「りんな」の歌の上達をサポートする「りんな 歌うまプロジェクト」が展開されました。ユーザーがお手本の歌をアップロードすることによって、「りんな」は歌声の音色や音の長さなどを学習していったのです。この学習においては、Siriのような波形接続による音声合成ではなく、**人が声を生成する際の喉や口の動きを含めてモデル化し、自然な歌声が目指されました**。上達したバージョンは2018年3月に披露されましたが、もはや人間との違いがほぼ判別できないほどの自然な歌声です。

このような親しみやすさを備えたチャットボット「りんな」の技術は、投資信託や資産運用といった分野のヒアリングに有効ではないかという見方が出てきています。

りんなのメカニズム

チャット

会話履歴によって表現などを学習

人間のような返答が可能に

歌への挑戦

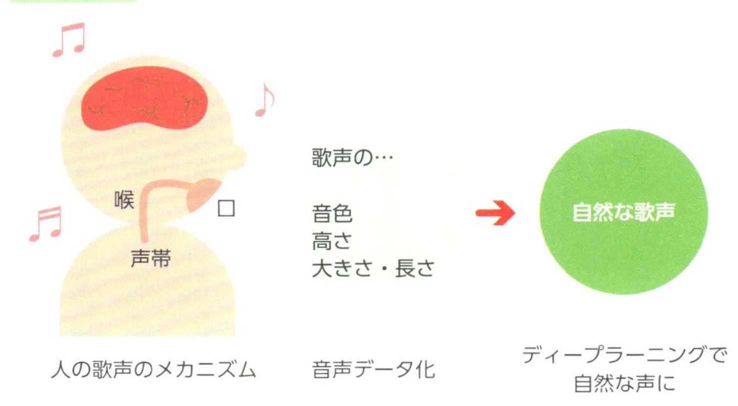

▲公式ホームページでは、歌の成長過程を視聴することができる。
参考：https://www.rinna.jp/

009

自動運転はここまできた

「例外」を学習できるかが重要

カメラやレーダーによって道路上の情報を検知しながら走行する「自動運転」は、世界各国でさかんに開発が行われています。自動運転のレベルは0から5まで6段階あり、現在、レベル2の「部分運転自動化」までが実用化されています。これは「スピード調整とステアリングの両方をサポート」することで、いまだ人間のドライバーが主体となって運転する点においては変わりがありません。

そのような状況の中で、自動運転を大きく前進させるカギとされているのが、ディープラーニングです。なぜなら、自動運転においてもっとも重要なのが、**道路上の白線や標識、通行人や対向車といった対象物を正確に捉える「画像認識」の技術だからです**。今後、ディープラーニングの画像認識に期待されているのは、**車に搭載されたカメラがリアルタイムで周囲の情報を分析し、人間以上に安全な運転で目的地まで到達することです**。複数のカメラで同時に画像を解析し、ほかの車両や通行人、信号機などと通信を取り合えば、人間にとっての死角でさえも把握することが可能になります。また、車の操作自体はすでに人間より自動運転車のほうが高度です。2013年には、新エネルギー・産業技術総合開発機構（NEDO）によって、4台のトラックが車間距離4メートルを維持したまま時速80キロで走行することに成功しています。

現在、難点とされているのは、たとえばカメラのレンズが雨で濡れてしまったり、交通標識の落書きを誤認識してしまったりといった**「例外」にどう対応するかだとされています**。

自動運転を支えるディープラーニング

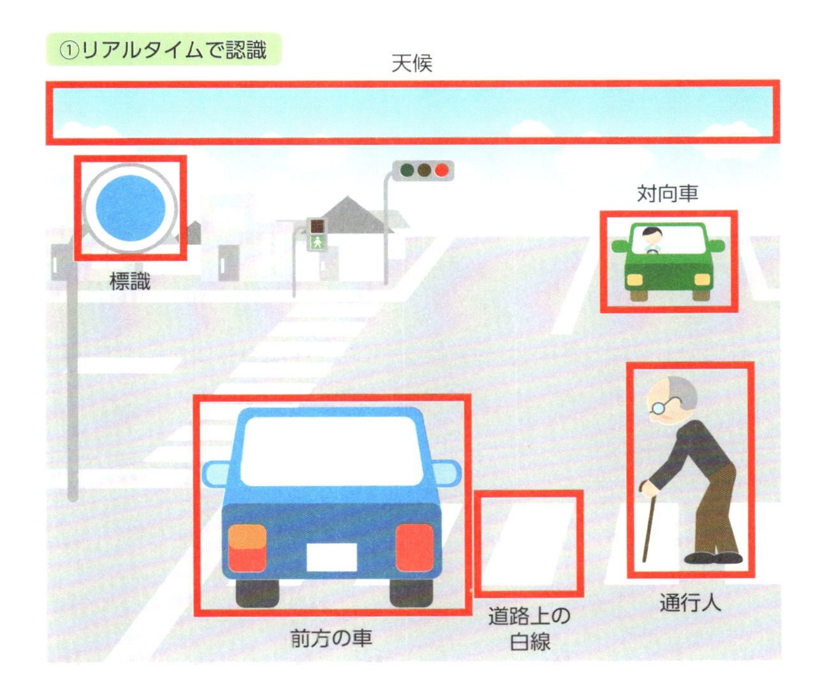

▲ディープラーニングが特に力を発揮するのは①の認識だが、止まっている画像の認識よりはるかに複雑な処理が必要となるため、いまだに課題も多い。

Column

「強いAI」と「弱いAI」

米国の人工知能批判で知られる哲学者ジョン・サールは、論文「中国語の部屋」で「強いAI」と「弱いAI」という概念を取り上げました。「強いAI」は「人間のようなAI」を、「弱いAI」は「人間の知的活動のごく一部だけを代替するAI」を指します。

この分類に従うなら、「強いAI」とは、私たちがロボットと聞いて思い浮かべる「ドラえもん」のような存在を指し、一方のAlphaGoやAIアシスタント、自動運転AIなどはすべて「弱いAI」です。「強いAI」はいわば人類の遠い夢であり、現在実用化されている、あるいは実用化を目指して実際に開発が進められているのはすべて「弱いAI」となります。

コンピューターが人間とは比較にならない圧倒的な計算能力と情報を持つ以上、それらは当然のことに思えますが、グーグル傘下ディープマインドの共同創業者であるデミス・ハサビスのように、ディープラーニングの可能性をさらに広げるためには、特定分野ごとの開発だけでなく「強いAI」も取り入れるべきだと考える向きも強まっています。

弱いAI

AlphaGoやSiriなど、現在実用化されているAI全般を指す。限定的な用途には強い。学習を通じて精度を高めていくことが可能。

強いAI

いわゆる「ロボット」に近い。人間のように考え、ふるまう。感情や自我を持っており、共存できるかどうかという問題もある。

Chapter 2

そうだったのか!
ディープラーニングのしくみ

010

機械はどうやって学習しているのか

大量のデータを判断し続けて成長する

機械学習における「学習」とは、**人間が用意した大量のデータをAIが読み込みながら高速の計算によって判定をくり返し、データの中から法則性を見つけ出すこと**です。

たとえば「犬と猫のデータの中から猫を分類しなさい」というお題がAIに与えられたとします。その場合、まず人間によって「正解」というラベルを付けられた猫のデータを入力します。しかしこの時点でAIはまだ、「正解」とされた猫の特徴をうまくつかむことができないため、犬のデータを入力しても「猫」と判定してしまうことがあります。その場合、人間が「それは猫ではないよ」とAIに教えます。この過程をくり返していくと、**徐々にAIは猫のデータの中から「しっぽが長い」「ひげがある」といった特徴量（P.8参照）を抜き出し、そこに数値を与えます**。この数値のことを「**重み**」といい、試行錯誤を重ねながら、重み同士を正確に組み合わせていく「**重み付け**」という作業を行います。重み付けはランダムに近い状態から開始されますが、試行回数を重ねていくたびに出力される結果も変化していき、誤差も小さくなっていくのです。

試行回数を増やすためには、当然のことながらデータを大量に用意して学習させる必要がありますが、インターネット普及以前はこの点が非常に労力のいる作業でした。しかしインターネットが一般的になったことにより、世界中の画像データなどが容易に集められるようになり、機械学習は劇的な進展を遂げています。

機械学習のしくみ

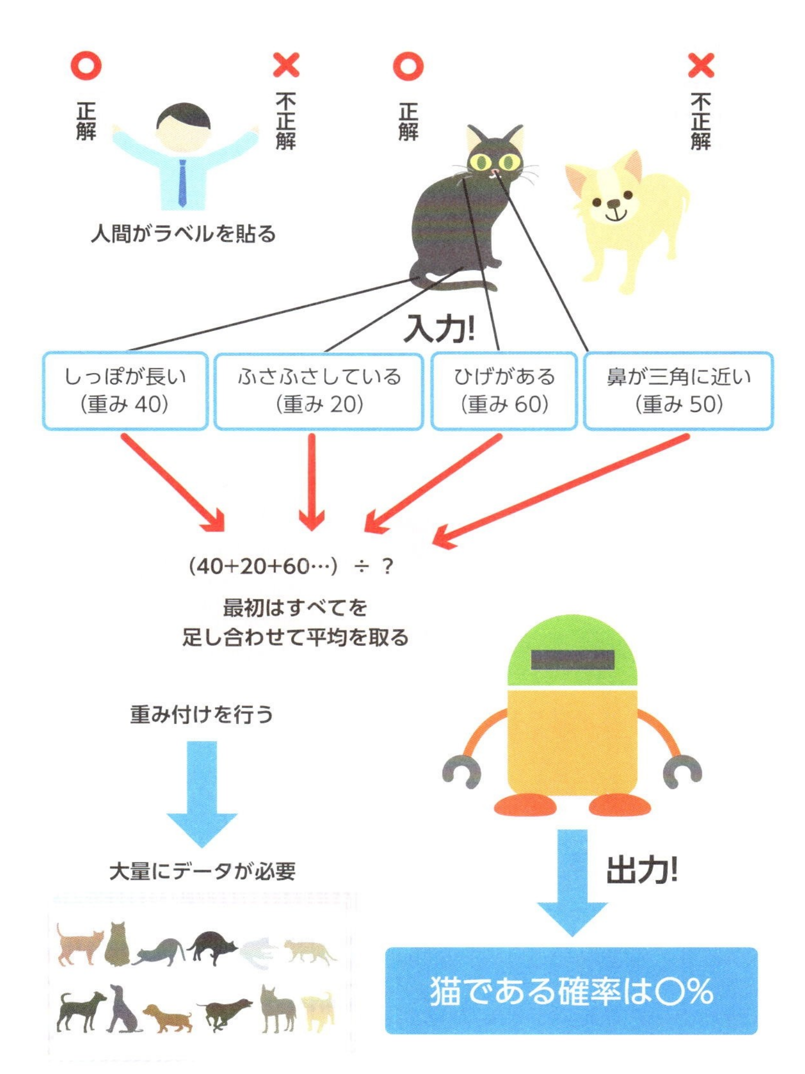

▲誤った答えが出た場合、AIは自ら重み付けを変えていき、正しい答えが出せるように調整を重ねていく。

011

ディープラーニングと機械学習の違い

ディープラーニングは「自ら」学んでいく

機械学習とディープラーニングは、どちらもAIにおける学習の方法ですが、**最大の違いは特徴量の見つけ方にあります**。機械学習の場合は人間が特徴量をAIに教える必要があり、AIは人間から与えられた特徴量を蓄積することで問題を解決していきます。そのため、適切なルールさえ示せば、短時間で効率的な学習を進めることができます。

一方ディープラーニングでは、**大量のデータを読み込んでいくうちにAI自ら特徴量を定めることができます**。その秘密は、人間の脳内にある神経細胞「ニューロン」の働きにヒントを得て作られた「ニューラルネットワーク」です。たとえば人間が画像を見るとき、大脳皮質の視覚野のネットワークを複雑に組み合わせて認識します。この働きを応用し、**ディープラーニングでは膨大なデータをニューラルネットワークの中で何度も処理しながら、特徴量を発見していきます**。データが多ければ多いほどその精度も増していくため、人間がルールを設定しにくい（例外が数多く存在する）画像認識や音声認識において力を発揮します。

ただし、こういったディープラーニングの「自発性」はいい換えれば「勝手に」学習を進めていくことでもあり、時に思わぬ方向に成長していく可能性もあります。そもそも、人間の脳のしくみ自体がいまだ完全には解明されていないのです。そのため、学習に使うデータ選びを機械学習よりも慎重に行うことが、効率的な学習につながるとされています。

機械学習とディープラーニングの違い

機械学習の基本

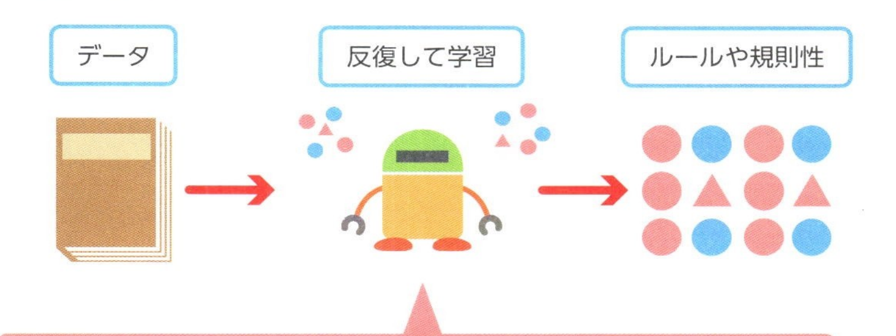

機械学習：人間が正解を与える
ディープラーニング：自ら正解を探す

ディープラーニングのモデルは人間の神経細胞

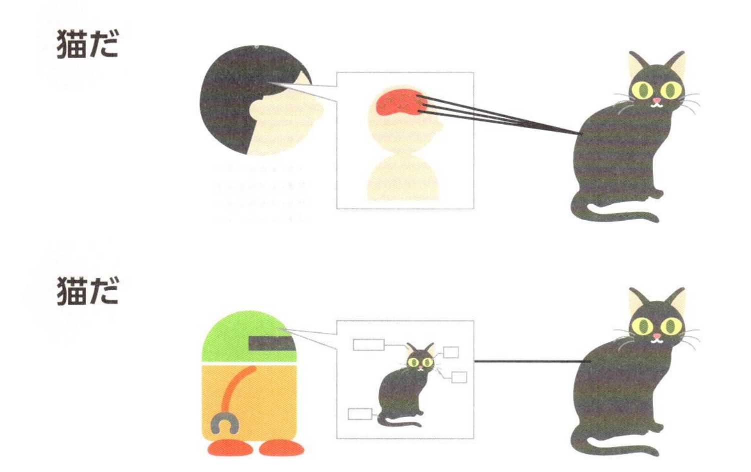

▲ディープラーニングによって「猫って何?」「日本人っぽい名前って何?」といった、機械に教えにくい定義を学習させることができるようになった。

012

「教師あり学習」と「教師なし学習」

用途によって異なる手法

機械学習の方法には、正解とセットで学ぶ「**教師あり学習**」と正解を知らずに学ぶ「**教師なし学習**」の２種類があります。教師あり学習においては、たとえば「正解」というラベル付きのリンゴの画像を見せれば、AIはリンゴの特徴を学習します。すると次からは、ラベルが付いていないリンゴの画像であっても「リンゴ」と答えるようになります。最初のうちは、形が悪いリンゴやミカンとの区別がつかない可能性もありますが、数をこなすことで特徴量を見極められるようになります。そのためには、膨大なラベル付きデータを用意して学習させる必要があり、また学習したことがないものには答えを出せません。このような**教師あり学習は、迷惑メールの振り分けなどに活用されています**。

教師なし学習は、正解を示すラベルがないデータを膨大に読み込み、自然に特徴を見出す方法です。たとえばリンゴやミカン、ブドウといったいくつもの異なった画像だけを入力すると、AIはそれらの画像の中にどんな関連性があるのかを読み取ろうとします。教師なし学習はディープラーニングとも深い関わりがあり、学習対象のデータを少し加工して正解のモデルに近付けていくといった手法（オートエンコーダ）と組み合わせるケースもあります。活用例としては、**顧客データの中にどんな関連性があるのかを知るために教師なし学習の手法を用いることがあります**。

なお、正解の一部だけを人間が教える「半教師あり学習」という手法もあり、教師あり学習に属するものとみなされています。

それぞれの特長

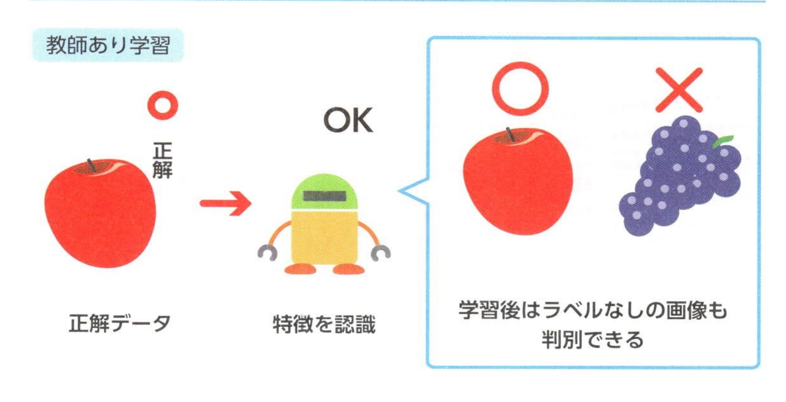

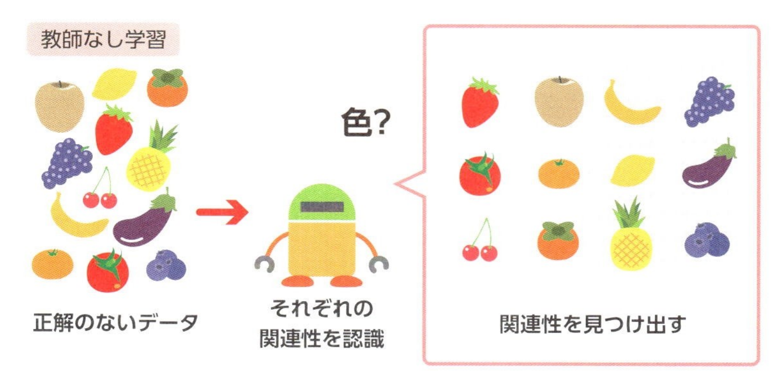

教師あり学習

- 結果が正解かどうかも教えるとさらに早く学習する
- 学習していないデータに新たな答えは出せない
- 迷惑メール判別や株取引などに活用

教師なし学習

- 正解と不正解の概念がない
- 役に立たない分類をすることもある
- 人間には相互関係が見つけにくい複数のデータ分析などに活用

▲現在の機械学習は多くが教師あり学習を採用しているが、ディープラーニングの発展によって教師なし学習や半教師あり学習の割合も増えていくと予想されている。

013

脳の働きを模倣する「ニューラルネットワーク」

脳科学と人工ニューロンの深い関係

人間の脳内には、10の10乗を超える莫大な数の神経細胞（ニューロン）が存在し、それらがつながり合うことで神経回路網を形成しています。それを人工ニューロンという数学的モデルで表したものが、「**ニューラルネットワーク**」です。ニューラルネットワークにデータを入力すると、まず「入力層」という層で単純な処理がなされ、「中間層（隠れ層）」に送られると、そこでまたいくつものニューロンで別の処理が施されます。**層を重ねるごとに、前の層で得られた情報が組み合わされていき、最後は複雑な回答ができるのです**。

もっとも初期のモデルでは、人工ニューロンを2層にして「**パーセプトロン**」というしくみが作られました。最初期のパーセプトロンは入力層と出力層だけでできており、入力層でデータから特徴を抽出し、出力層でまた別の特徴を組み合わせることで、より複雑な特徴を取り出すというものでした。パーセプトロンに続いて考案されたのが、層の数を増やした「**3層ニューラルネットワーク**」で、分類などの分野でそれなりに活用はされたものの、より複雑な問題を解くにはまだ十分とはいえませんでした。

しかし、人間の脳の構造がより詳細に明らかになると、ニューラルネットワークにも光明が見えます。ジェフリー・ヒントンらが**脳科学の成果を参照してパーセプトロンの原理を発展させ、中間層の多層化に成功したのです**。脳科学がこの先進歩すれば、さらなるブレークスルーもあるかもしれません。

ニューロンをどうやって再現したか

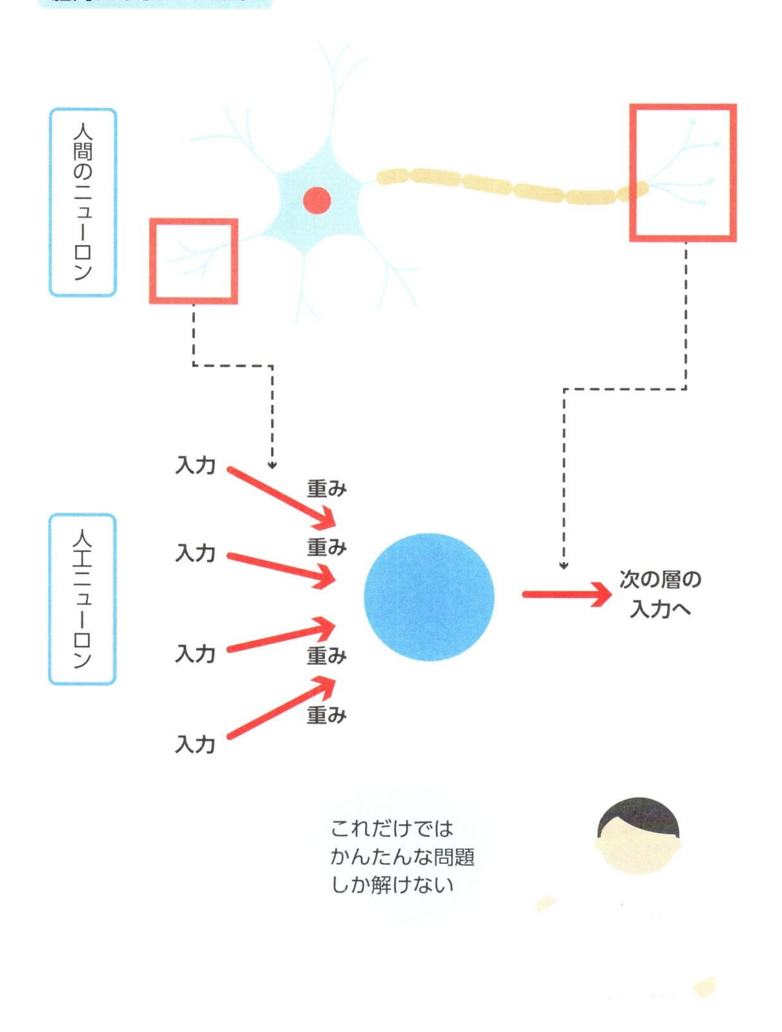

▲ニューロンはシナプスから一定以上の電気刺激を受けると、0か1の情報として出力する。人工ニューロンはこの特徴を数学的にシミュレートしている。

014

そもそも何が「ディープ」なの?

秘密は隠れ層の数にあり

ディープラーニングの「ディープ」とは、**ニューラルネットワークの「隠れ層」の数が多く、「深い」ことからそう名付けられています**。ニューラルネットワークの「隠れ層」は、従来2～3程度でしたが、ディープニューラルネットワークにおいては150もの「隠れ層」を持つこともあります。

ディープラーニングが隠れ層を増やすことのできた背景には「**オートエンコーダ(自己符号化器)**」という情報圧縮の技術があります。オートエンコーダでは、まずデータの入力とその結果の出力を同じにします。その過程で入力データを一度圧縮(エンコード)し、出力に向けてまた復元(デコード)する作業を行いますが、その入力データを圧縮したものを「隠れ層」といいます。**圧縮したデータを復元するには重要な情報だけをコンパクトにまとめなければいけない**ので、抽出されるデータ(＝隠れ層)は情報量の高いものとなります。この「隠れ層」を次の次元の「入力層」とし、**同じ流れを何度も何度も積み重ねることで、より高次の特徴量を取り出すことができるようになります**。実業家のジェフ・ホーキンス氏はオートエンコーダについて「銀行に行ってボロボロの１００ドル札を１００ドル札の新札に取り替えてもらうようなもの」と表現しています。

オートエンコーダは階層ごとの機械学習を可能にしたのであり、この技術によってニューラルネットワークはさらに「深く」なったのです。

「深い」隠れ層で起こっていること

入力と出力を同じにする

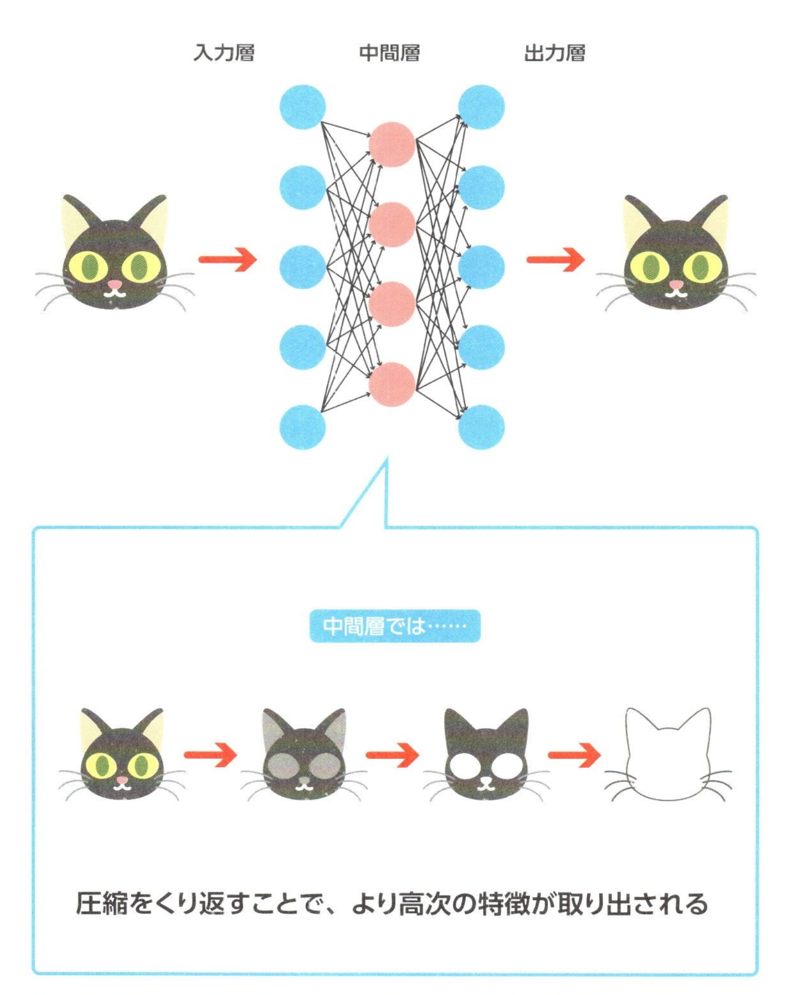

▲もともとは欧米で生まれた概念であり、和訳も「多層学習」「深層学習」などの違いが見られるものの、指す内容は同じだ。

015

ディープラーニングで使われている数学知識

プログラミングとも密接にかかわる数学

ディープラーニングは、神経細胞を模す以前に、一種のプログラミングのことです。この点を理解するにあたって、どんな数学知識が使われているのかを知っておくと、何かと便利です。

まず知っておきたいのは「**線形代数**」で、最重要な知識といえます。ニューラルネットワークでは、複数の入力に重みを掛け合わせて合計し、その結果を出力として次の層に渡します。**この計算処理は「線形代数」で行う「行列計算」そのものです**。

また「**微分積分**」も重要です。ニューラルネットワークでは、学習データをもとにモデルを作りますが、このモデルを使って導いた予測値は、もとの学習データとの間に誤差が生じています。学習とは、この誤差を小さくするためにくり返し処理を行ってモデルの精度を高めることです。誤差は「誤差関数」で表され、たとえばU字のグラフをイメージすると､いちばん底の部分を目指して「最適化」するのが学習です。いくつか方法がありますが、メジャーな方法では「**勾配降下法**」や、これを応用した「**最急降下法**」などのアルゴリズムを使います。これはグラフの「傾き」、すなわち「微分」をくり返し行うことでもあります。

そして「**確率・統計**」も、なくてはならない知識です。なぜなら、**機械学習の演算が、確率・統計の手法を利用して「予測分析」を行うためです**。データが不十分でも、ひとまず確率を決め、データが増えるにつれ更新していく「**ベイズ理論**」などが用いられます。

数学はどうかかわるのか

機械は数学による翻訳が必要

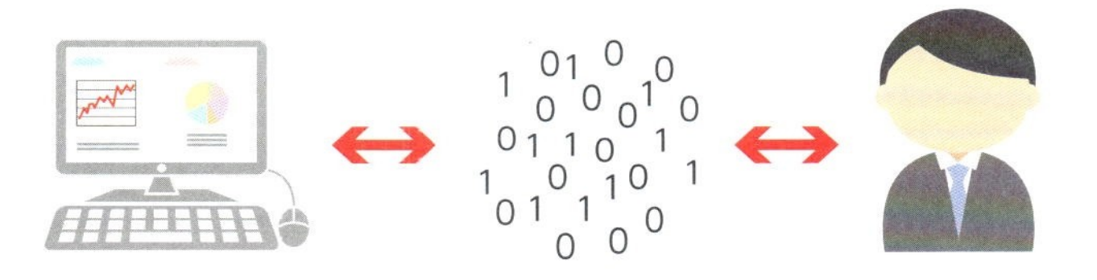

線形代数	ニューラルネットワークにおける演算と、線形代数の行列演算は同じ原理を持つ
微分積分	高校数学における微積分の知識があると「最適化」の理解が進む
確率・統計	機械学習だけでなく、あらゆる予測と分析においてなくてはならない知識

線形代数

$$u = Wx + b$$

$$u = \begin{pmatrix} u_1 \\ \vdots \\ u_m \end{pmatrix}, x = \begin{pmatrix} x_1 \\ \vdots \\ x_m \end{pmatrix}, b = \begin{pmatrix} b_1 \\ \vdots \\ b_m \end{pmatrix}, W = \begin{pmatrix} w_{11} & \cdots & w_{1n} \\ \vdots & \ddots & \vdots \\ w_{m1} & \cdots & w_{mn} \end{pmatrix}$$

||

プログラム

```
y1 = tf.matmul(x, w1) + b1
```

▲数学を理解できると、高次元の空間を3次元に落としてイメージできるため、演算の処理などが理解しやすくなる。

016

学習不足と過学習

過学習には謎が多い

ディープラーニングにおいて、**データが少なく作成したモデルの精度が不十分な状態を「学習不足」といいます**。回避するにはとにかくデータを多く収集することしかありませんが、解決方法そのものはシンプルといえます。

一方で、ディープラーニングの難しいところは学習に使用するデータの質にも気を配る必要があることです。たとえば、ヒマワリの花の画像を学習させるとします。このとき**花瓶に生けてあった画像ばかりが混ざっていると、誤って花瓶も一緒に学習してしまうことがあります**。AIを使ってヒマワリの花だけを判別させると、「花瓶がない」という本来無関係な理由で、ヒマワリを認識させることができません。このように、**学習データに最適化されすぎてしまい、未知のデータに対応できないような状態を「過学習」といいます**。

過学習を防ぐ方法は、さまざまな研究が進められています。一見は関係がありそうに見えるものの、本質的には関係がないデータをいかに排除するかがテーマで、多様なアプローチが取られています。具体的には、学習に使う訓練データセットを増やす、モデルの複雑性を減らす、学習を早めにストップする、モデルの複雑性に対してペナルティを付与する、といった方法があります。

一般にはニューラルネットワークにおける学習で、複雑なデータほど過学習が起きやすいとされていますが、なぜかディープラーニングの場合は過学習が起きにくくなっています。ただ、なぜそのように振る舞うのかは、まだ解明されていません。

学習不足と過学習のしくみ

学習不足

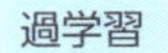

解決方法→本質的に無関係なデータを排除する

▲過学習においては、画像認識の際、分割したデータをすべて入力して処理してしまう。そのため、処理が複雑になり、判断の基準が厳しくなってしまう。

017

畳み込みニューラルネットワーク(CNN)とは

画像分類で力を発揮するCNN

「**畳み込みニューラルネットワーク**」(Convolution Neural Network)とは、今のディープラーニングをはじめとするAIが画像分析を行うための学習方法の1つで、一部が見えにくくなっているような画像でも解析することができます。略してCNNと呼ばれることもあります。人間は視覚ニューロンを活発に働かせることによって文字などを認識します。その際、書き手によって形が多少違っても同じ「あ」の文字であると認識することはかんたんです。畳み込みニューラルネットワークでもその機能を再現しようとしたのです。

このネットワークは、隠れ層の多層化だけではなく、それぞれ画像の処理方法が異なる「**畳み込み層**」や「**プーリング層**」の2層を積み上げることで構成されます。畳み込み層とは、**ニューロンどうしの結合を制限することで、画像の一部分を取り出して縮小していく層です**。

また、この畳み込みニューラルネットワークにおいて、もう1つ大きな役割を果たしているのが、プーリング層です。畳み込みニューラルネットワークにおいて、畳み込み層が画像の特徴を抽出する役割を果たしているとすると、プーリング層はそうした**抽出された画像の解像度を下げる役割を果たします**。つまり、画像のカテゴリー分けにおいてあまり重要でない位置に関する情報をうまく削ぎ落としているのが、プーリング層の役割です。これらの層によって画像の部分的な特徴を抽出しつつ、画像中の別の場所から似たようなパターンを見つけていきます。

学習不足と過学習のしくみ

手書き文字の認識は難しい

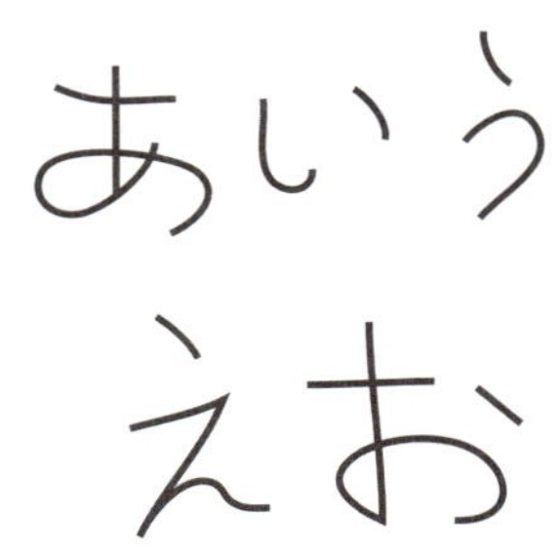

CNNの働き

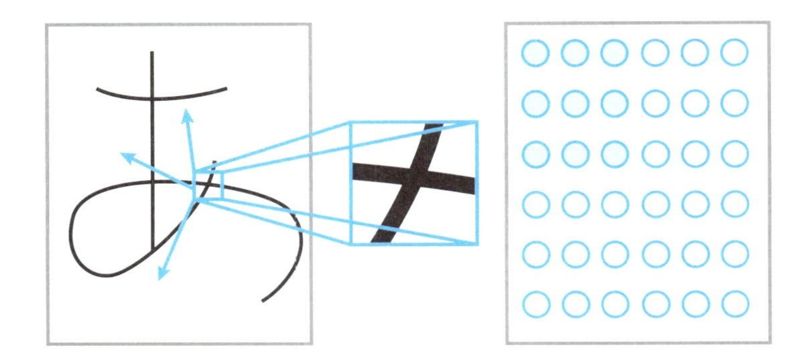

▲画像の中の一部分を抜き出して類似箇所を探す。このとき、いくつものニューロンが同じ作業をするとロスになるので、1つのニューロンが抜き出す場所を移動して効率的に処理する。

018

大量のデータをただ入力するだけでは逆効果？

「次元の呪い」に注意

機械学習においては大量のデータを入力することが非常に重要です。しかし、だからといってただやみくもにデータの量だけを増やせばよいというわけではありません。大量に分析するということは、大量の特徴を分析することでもあります。この特徴のことを「次元」と呼びますが、次元の数が大きくなることで「**次元の呪い**」と呼ばれる問題が生じることがあります。

次元の呪いとは、扱うデータの次元の数が大きくなり過ぎることで、表現できる組み合わせが飛躍的に多くなってしまい、その結果、十分な学習結果が得られなくなることを指しています。万が一、次元の呪いを受けてしまえば、計算コストが一気に跳ね上がるだけでなく、十分な学習結果が得られず、未知のデータに適切な対応ができなくなるため、注意が必要です。具体的には、特徴量の数を減らすために、特徴量の中で優先順位（重み）を付けていく方法が取られます。と同時に、データ本来の情報を維持したまま低次元のデータに変換する「**次元削減**」を行う必要もあります。

ディープラーニングは、次元の呪いが大きな障壁になるケースは比較的少ないとされています。とはいえ、むやみにデータの次元を増やすと、高度なコンピュータを用いても学習に相当な時間がかかってしまうことがあります。そのため、たとえばデータをまるごと学習するのではなく、**いくつかのサンプルごとに分け、それぞれの集合を平均して個別に学習していくことで巨大なデータを安定的に学習できる手法**などが採用されています。

「次元の呪い」のしくみと回避方法

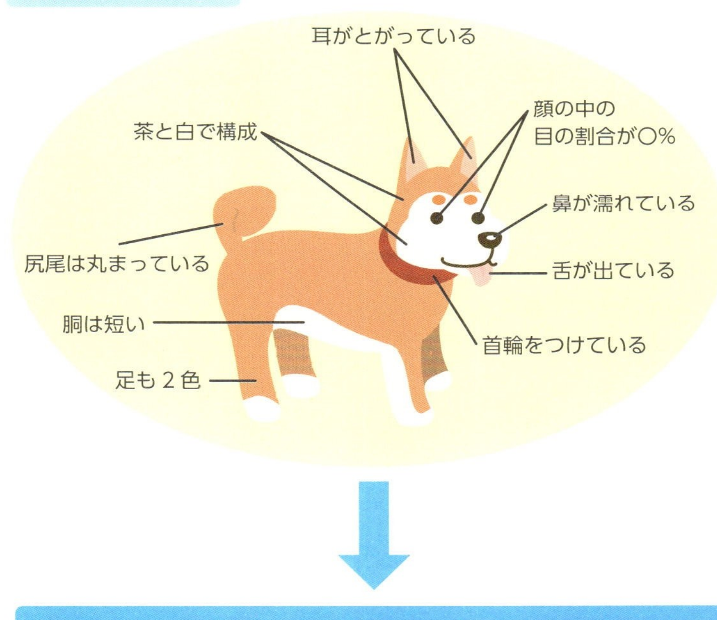

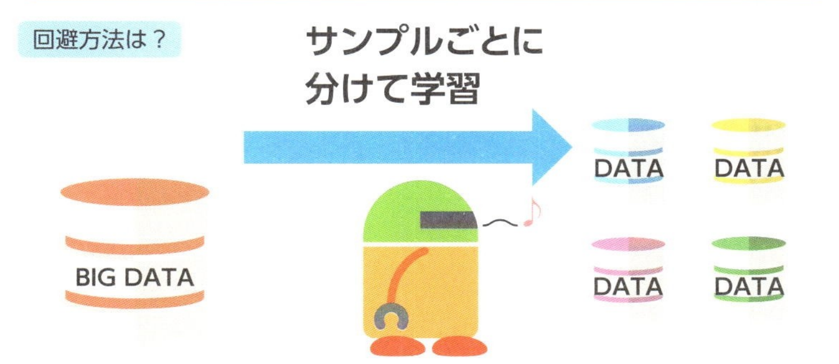

▲ニューロンの数を増やせば増やすほど、次元の呪いを受けてしまうリスクも高まる。同じ現象を「計算量の爆発（Computational Explosion）」と呼ぶこともある。

019

画像認識精度の大飛躍

AIに「視覚」を与えたディープラーニング

「**画像認識**」とは、画像や動画から特徴をつかみ、対象物を識別するパターン認識技術の1つです。

これまで各大学や研究機関は、どこに注目すれば画像認識の精度が上がるのかということをコンマ何%の精度でしのぎを削り、試行錯誤をくり返してきました。

ところが2012年、AIの画像認識における世界的コンペティション「IRSVRC」で驚きの出来事が起こります。初参加だったカナダのトロント大学研究チームが、並み居る優秀なチームを押しのけて、圧勝したのです。彼らが開発した画像認識システム「スーパービュー」は、**画像認識のエラー率を従来の（もっとも優秀な数値である）25%から、一気に15%近くまで低下させました**。その原動力となったのがディープラーニングです。

従来の画像認識は、教師あり学習が主流でした。正解のラベルを貼った画像を機械に与えると、AIは画像を画素に分解し、隣り合う画素どうしの明度を分析します。そうすることによって、別の画像を与えられたときの明度と正解データを照らし合わせて判断していたのです。しかしこの方法では、画像の移動や回転、サイズの違いなどで大きく判断にぶれが生じていました。

ディープラーニングでは注目すべき要素を自分で見つけることができます。この技術によって、ついにAIは「視覚」を持ったとされ、それまで機械には難しかったさまざまな判別作業を人間に代わってこなしていくことになります。

ディープラーニングは画像をこう見る

従来の画像認識

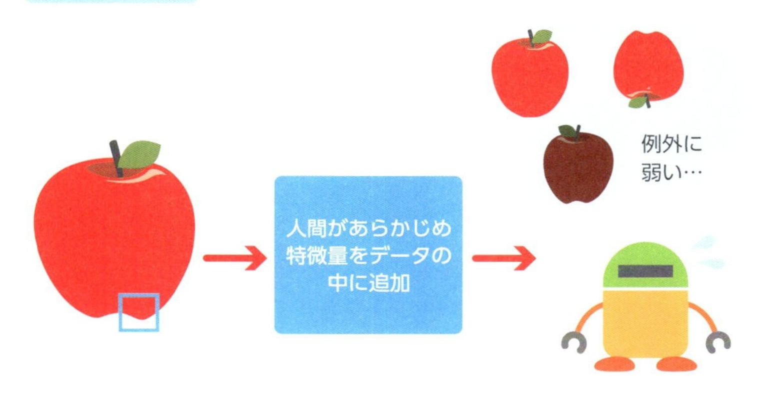

ディープラーニングの画像認識

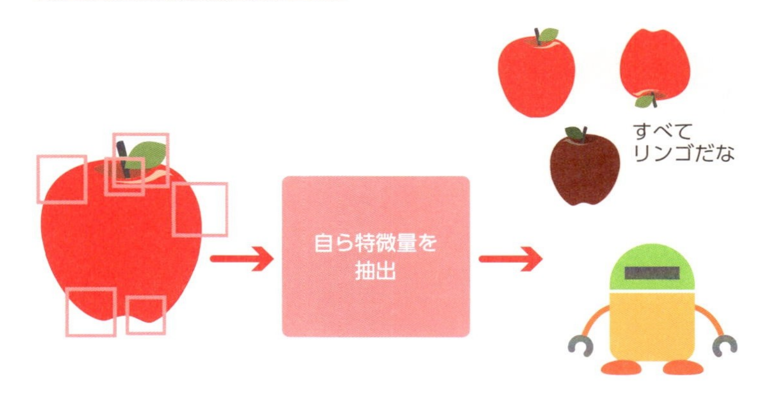

▲リンゴの形に反応するニューロンを活性化させることで、認識能力を上げていく。

020

「画像を見る」だけでなく「画像を作り出す」ディープラーニング

GANとは？

「**GAN（Generative Adversarial Network）**」は、「敵対的生成ネットワーク」といい、**訓練データを学習することで似たような性質の新しいデータを生成するためのモデルです**。生成するためには、2つのモデルの訓練を同時に進めて互いに競わせます。モデルはDiscriminator（識別器）：DとGenerator（生成器）：Gからなります。Dは、生成したいサンプルと、もう1つのGの出力物を正しく識別できることを目指します。一方のGは、ランダムノイズを入力として、Dが誤ってサンプルであると識別する率を高めることを目指します。

DとGは、お札を偽造する者と警察の関係に例えられます。偽札を作る側は、できるだけ本物に似せようとします。一方で警察は本物のお札と偽札を見分けようとします。訓練が進んで警察の能力が上がると、本物と偽物をうまく見分けられるようになります。すると偽札を作る側は、さらに本物に近づけようとします。このいたちごっこをくり返すと、やがて最後には警察も区別がつかない偽札ができあがります。

このGANを使って、京都大学発のAIベンチャーが架空のアイドルを自動生成することに成功しました。AIにアイドルの顔写真を2枚見せることで、AIが顔の特徴を徐々にとらえながら、元の2人にどことなく似た架空のアイドルが誕生します。

そのほか写真から3D画像を抽出するなど、あらゆる分野で応用が期待される技術です。

GANは偽札作りと警察の関係？

出典：Generative Adversarial Nets（https://arxiv.org/pdf/1406.2661.pdf）

▲GANによって生成された画像の数々。

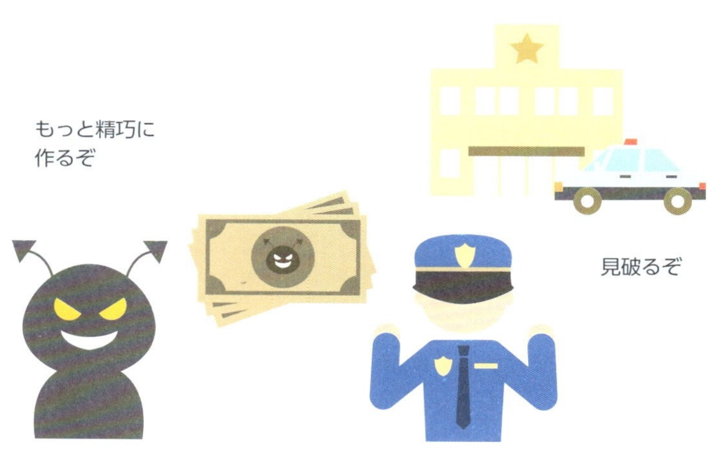

▲GANによって、新しい画像を作るだけではなく、低解像不度の画像から高解像度の画像を作り出すという試みも行われている。

021

リアルな「声」を求めて

「WaveNet」の台頭

従来の音声認識や音声合成では、統計学的なアプローチを使用していましたが、そもそも音声はアナログのデータであり、取り込んで合成するにはどうしても簡略化が避けられませんでした。しかしディープラーニングの登場で、現在は大きな躍進を遂げています。

音声認識は人の声の波形を機械で処理し、どんな文であったかを推定する技術で、**音声合成は与えられた文やデータから、人が話す音声を合成する技術です**。ここに、音声認識で推定した文に対して適切な応答文を出力する「**対話制御**」という技術が加わることで、AIスピーカーが実現されています。

このような音声認識を大きく発展させたのが「WaveNet」の登場です。「WaveNet」は、人工ニューラルネットワークによる音声合成技術の1つで、Googleのスマートスピーカーである「Google Home」や、Androidに搭載されている「Googleアシスタント」の合成音声として使用されています。「WaveNet」は、ディープラーニングを用いて**人の声の「高さ」と「音色」を特徴量として検出し、自然な話し方になるように合成しています**。もちろん、そのためには大量のデータを必要としますが、音声はもともとアナログのデータです。「WaveNet」では、**音声を1秒間あたり1万6千個という「点」に変換することでデジタル化し、ニューラルネットワークに入力しています**。

音声合成の大きな目標として、人間やロボット相手に自然な会話ができるAIの実現が目指されてもいます。

WaveNetのしくみ

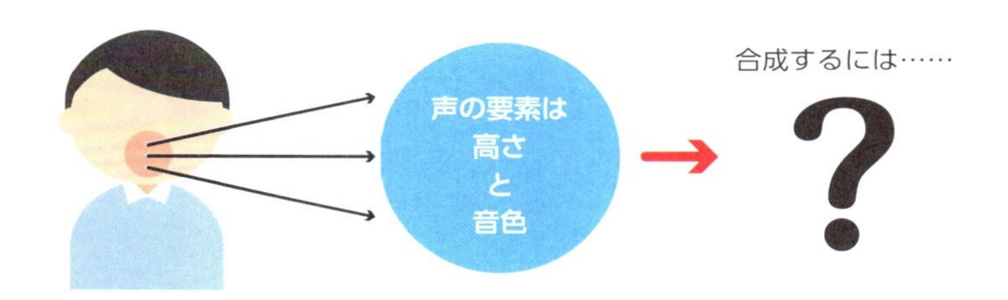

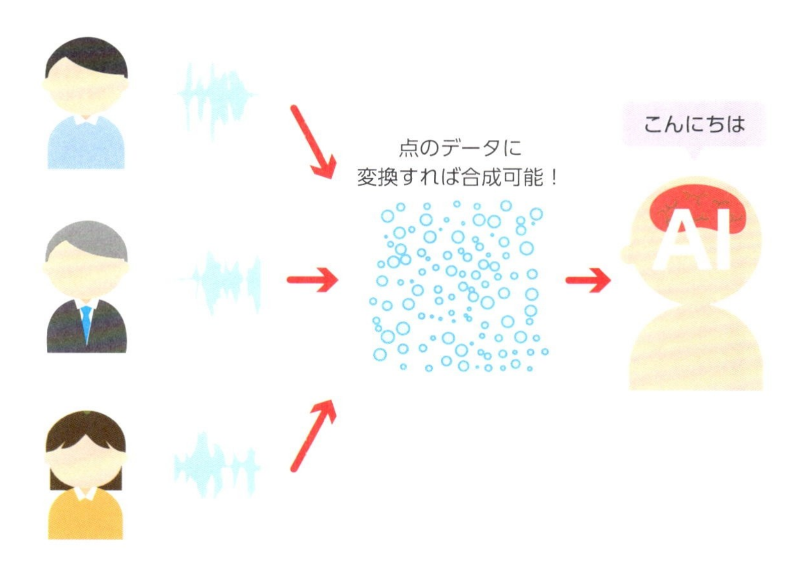

参考：WaveNet launches in the Google Assistant（https://deepmind.com/blog/wavenet-launches-google-assistant/）

▲そのほか、音（空気の振動）を時間軸と音圧軸の2次元グラフとしてとらえる手法も存在する。

022

ビッグデータは欠かせない

ビッグデータで「猫」を認識したGoogleのAI

2012年、GoogleがAIに猫の画像を学習させ、自発的に判別させることが可能になったと発表しました。学習用のデータとなったのは、YouTubeの動画です。そこから**1000万枚の画像を取り出して入力し、100億個以上のニューロンを用いて学習させるという桁外れのスケールで行われたプロジェクトでした**。これは、1000台のコンピュータを3日間走らせるほどの情報量です。取り出された画像は膨大な数の動画をランダムに切り取ったものだったので、猫以外に人間ももちろん写り込んでいました。**データを「フィルタ」と呼ばれるごく小さな領域に分割し、畳み込みニューラルネットワーク（P.42）によって一つ一つの特徴を細かく処理していくのが、大まかな過程です**。そのうちに、AIは「猫に反応するニューロン」と「人間に反応するニューロン」を作り上げ、それぞれがもっとも強く反応する画像を生成しました。さらに、このシステムはその後人間が指示を与えずとも、自動的に画像中の特徴を抽出して精度を上げ続けたのです。一連の発表はディープラーニングが文字通り「学習」する技術だと人々に知らしめた意味で、重要な出来事といえます。

そんな画像認識は現在、SNSなどで自動的に映っている人物をタグ付けしてくれる機能や、カメラロールをジャンル別のフォルダに分けてくれたりする機能に活用されています。

現在も、Googleのビッグデータ活用は続いています。「Googleフォト」の利用者は5億人を超えており、そのデータを活用することで画像認識率は約95％と、すでに人間を凌駕してしまいました。

AIが猫を認識するまで

YouTube はビッグデータの宝庫

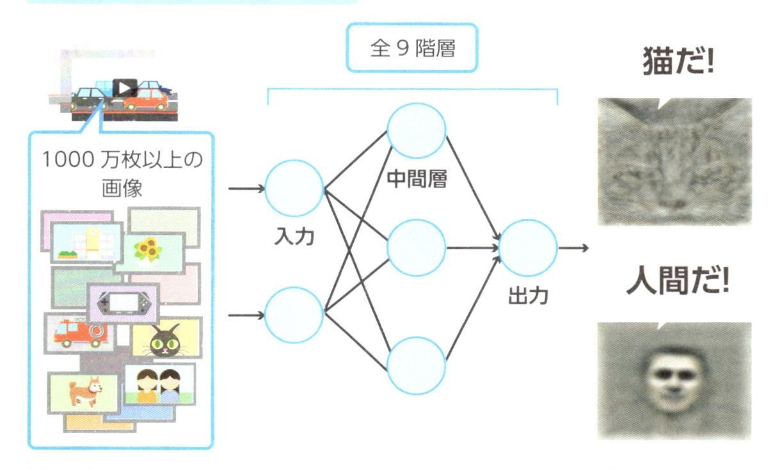

出典：Building High-level Features Using Large Scale Unsupervised Learning（http://static.googleusercontent.com/media/research.google.com/en//archive/unsupervised_icml2012.pdf）

画像のタグ付けなどに利用

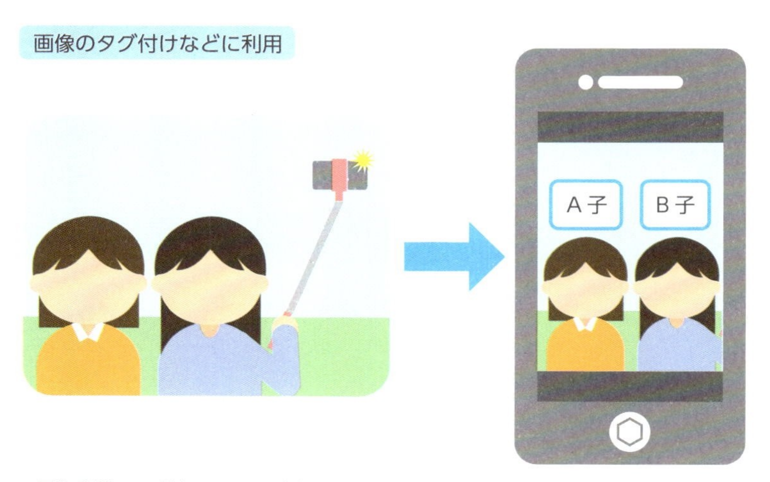

▲画像認識はタグ付けだけでなく今後あらゆる市場に進出するとみられ、2020年代には数百億円規模にまで成長するという試算もある。

023

ビッグデータを100%生かす「マイニング」

オムツとビールの意外な関係性

ビッグデータの特長は、単に「大量である」という点だけではありません。当然のことながら、**日々、蓄積されてどんどん大きくなっていくことでもあるのです**。とりわけ、近年のTwitterやFacebookなどをはじめとするSNSの流れにおいては、誰もが気軽にインターネット上に画像・動画やテキストを投稿できるようになりました。そのほかにも、検索情報、購買情報、診察情報、位置情報といったさまざまなデータがいまも増加し続けています。もしこれらのビッグデータを収集し、分析することができれば、ビジネスに役立つ新たな指針が見つかるでしょう。

そのために必要なのは、**データとデータの間に隠された有用な関係性を見つけ出す「マイニング」と呼ばれる技術です**。その例としてよく用いられるのが「オムツとビール」の話です。あるスーパーで購買情報を分析した結果、オムツを買った客はなぜかビールも一緒に買うケースが多かったのです。オムツとビールの間に合理的な関係性などないため、データを分析するまでは誰一人として気付きませんでした。結局このスーパーがオムツ売り場の横にビールを置くようにしたところ、売り上げがアップしたといいます。

マイニングは、対象を文章のみに絞った「テキストマイニング」や、Webサイト上の情報を分析して偏りを見つけ出す「Webマイニング」など、さまざまな分野で用いられ、人間の認識能力をはるかに超えるレベルに達しました。今後も、ビジネスや学問の分野で大きな効果を上げていくでしょう。

マイニングの効果

AI だけが気付ける関係性がある

▲一見無関係なものどうしに隠れた価値を見つけてくれるマイニングの技術は、「意味」を探そうとする「弱いAI」とは対極の存在ともいえる。

024

ディープラーニングの得意分野と不得意分野

アナログな判断はまだ人間にお任せ?

ディープラーニングを活用したAIが得意とすることとして、第一にまず、「**データの記録**」と「**分析**」が挙げられます。今この瞬間にも世界中のデータを集めているディープラーニングは、人間には想像もつかないような正確な分析も、瞬時に行うことができます。

そのほか「**判断と意思決定**」も、限定的ではありますが、ディープラーニングの得意とするところです。人間はかんたんな計算であっても数百回数千回とくり返していれば必ずミスが起きます。しかし、ディープラーニングはプログラミングが正しく組まれている限り、決して誤った判断をすることはありません。膨大な情報データを蓄積しているディープラーニングは常に過去を基準に動いていて、過去の延長線上に答えを導き出します。人間が到底扱えないくらいの大量のデータを仕分けたり、そこから人間が意図していないようなパターンや因果を導き出すことも可能になっていくということです。ただし、同じ判断といえども、恋愛や友人関係といった感情の要素が深くかかわってくると、データによる正確な判断も考えものです。同じ言葉でも、関係性や感情によって正反対の意味を持つといったことがしばしばあるのは、私たち人間のよく知るところです。

デジタルに変換できない世界を、ディープラーニングは認識することができません。イノベーションを起こすのはあくまで人間です。今後はディープラーニングが過去のデータを元に判断を下し、そこから人間が新たな未来を生成することが求められるといえるでしょう。

ディープラーニングはデータありき

ディープラーニングの得意分野

データ収集　特徴の発見　判断・意思決定

ディープラーニングの不得意分野

未知のデータ推論　感情の理解　創造力

▲共通するのは、データとして表せないということだ。ディープラーニングが想像や空想の領域を類推するには至っていない。

025

クラウド利用で、もっと身近に

業界はMicrosoftとGoogleがリード

AIの開発は、高度なプログラミング能力と高額な環境構築が必要であり、多くの場合あまり現実的ではないとされています。

しかし、「**クラウドAI**」を利用すれば、負担を軽減できます。クラウドAIには2種類あり、「人の顔」「車の形」といった**画像認識や自然言語を学習済みのAI**と、**何も学習させていないAI**があります。学習済みAIは、そのまま画像認識などに利用可能です。チャットボットやコールセンターなど、**ある程度定型的な応対をする分野で利用されるケースが多くみられます**。この業界をリードしているのはMicrosoftの「**Microsoft Azure**」で、視覚や言語、音声、認知、検索などを扱う「Microsoft Cognitive Services」で29種類に及ぶサービスを用意しています。一方、まだ学習していないクラウドAIでは、高度な機械学習ができる環境だけがある状態ともいい換えられ、ここからアイディアをどう形にしていくかがカギとなります。たとえば、内視鏡で撮影した画像を読み込ませて自動診断のしくみを作ったりすることができます。

それらの中間モデルとして注目を集めているのが、Googleの「**Cloud AutoML**」シリーズです。第一弾として発表されたのは「Cloud AutoML Vision」というクラウドで、プログラミングせずに画像認識用の機械学習モデルを作成するサービスです。専門的な知識をあまり必要とせず、エンジニア不足解決のカギを握っているともいえそうです。

学習済みAIと学習前AI

▲大きなイノベーションの可能性を秘めている分野だけに、クラウドAIを提供する企業の間ではし烈な競争が始まっている。

026

ディープラーニングとハードウェア

自前で環境を構築する必要はない?

ディープラーニングを実行するためのハードウェアは日々、進化を続けています。たとえば、LeapMind社の「DeLTA-Kit(デルタキット)」は、ディープラーニングを利用するために、プログラムを書き換えることができる半導体「FPGA」のほか、USBカメラやLANケーブルなど、運用に必要なパーツを一式まとめてセットにしたものです。

同社はこれまで、「DeLTA-Lite(デルタライト)」というサービスを提供し、クラウドではなくハードウェア上で動く、いわゆる「組み込み」のディープラーニングモデルを構築できるようにしていました。「DeLTA-Kit」は、このサービスを契約した利用者に提供されるキットです。

このキットを組み合わせて使えば、従来は個別に用意する必要があったハードウェアが一度に揃うため、組み込みでディープラーニングを導入するのに必要な技術検証が、従来よりも容易になります。また、「DeLTA-Lite」と一緒に使うことを前提にしているため、組み込みで必要な専門知識が不要だとされています。

このキットが画期的なのは、**一般的に専門スキルが必要とされ、尻込みしそうな組み込みでのAI利用をかんたんにし、とくにIoTとの距離を一気に縮めてくれることにあります**。GoogleやNVIDIAといった世界的企業のハードウェアに比べればまだ知名度は低いですが、加速しているAI市場をリードする国内産の技術として、今後さらなる広がりが期待されています。

ハードウェアも自由に選択する時代へ

▲ディープラーニングを早急に利用したい、といったニーズに応えるサービスとして注目されている。

027
自前でディープラーニングを行うには？

必要なのは高性能なハードウェア

クラウドなど利用せず、自前でディープラーニングを行いたければ、高性能なハードウェアが欠かせません。まず、ディープラーニングによる「学習」と、その学習モデルを使って結果を出す「推論」で構成が大きく異なります。

まず学習においては、コンピュータが演算を行うのに「**GPU**」を使うことが一般的です。GPUには、同時に複数の処理を行える「マルチスレッド」のものと単一の処理を行う「シングルスレッド」があり、複数の学習を同時にするか否かで判断するとよいでしょう。

「GPU」には「メモリ」が搭載されており、このサイズによって価格も大きく変動します。ただ、これは一概に目安を示せるものではありません。なお、同じく演算を行うパーツとしてCPUがありますが、こちらもGPUとの相性を考えるうえで重要であり、**できるだけ新しく性能の高いものが利用されます**。

一方の「推論」では、「学習」ほどの演算は行わないため演算のパワーはあまり求められません。ただし、推論にリアルタイム性が必要であれば、ある程度の性能が必要です。

ディープラーニングでは、効率的に処理するための「**フレームワーク**」と呼ばれるプログラムの集合体を使うことが一般的です。とくに「**TensorFlow**」は有名です。フレームワークによってはサポートしていないハードウェアもあるため、事前に確認しておきましょう。

ディープラーニングの環境構築に必要なもの

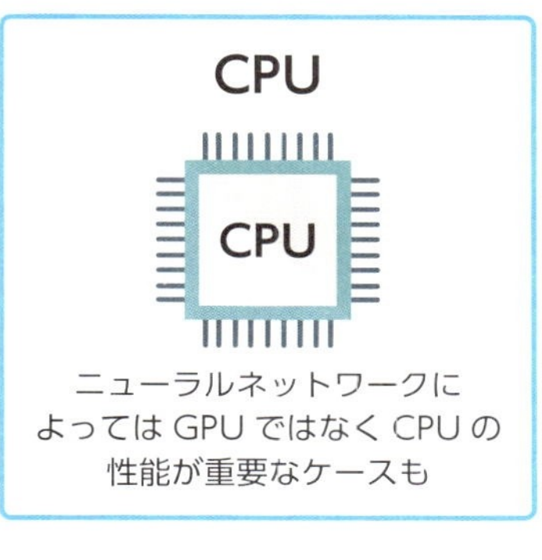

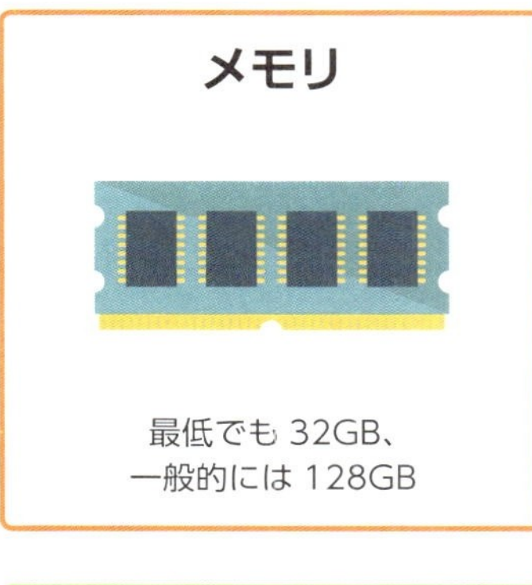

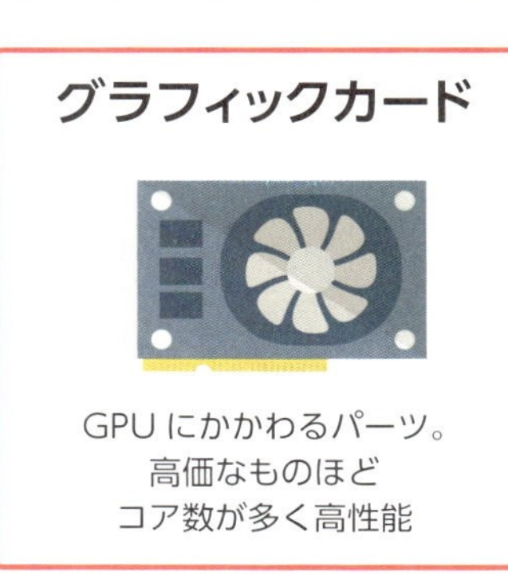

▲これだけ揃えるのは大変だが、ディープラーニング専用のワークステーションを購入する手もある。エントリーモデルなら20万円程度で手に入れることが可能だ。

028

GPUの性能が、ディープラーニングを左右する

数千コアによる計算能力

ディープラーニングの演算に用いられるのが「**GPU**」です。GPUは、数千に及ぶコアを持ちます。かんたんにいえば、コアとは1度に処理できる計算の数であり、CPUが多くても6コア程度であることを考えると、いかにGPUのコア数が多いかがわかります。ただし、GPUのコアは単純な計算に特化したものです。そして**ディープラーニングの処理は基本的にかけ算と足し算によるものなので、両者は非常に相性がよかったのです**。ディープラーニングで使用されるGPUでは、この数千のコア内でそれぞれ異なる入力データを同時に処理しています。ただし、GPUのメモリには限界があり、もし扱うデータが大きすぎた場合はその一部だけを扱うように変更を加える必要があります。

最近はこのGPUだけではなく、「**ASIC（Application Specific Integrated Circuit）**」が注目されています。「エーシック」と読み、GPUよりもさらに専門性を高めた半導体で、行いたい処理にフォーカスして設計・製造したものです。また、後から処理を変更する可能性を考えて、プログラムで処理を書き換え可能な半導体「FPGA」を使って高速化を実現することもあります。この場合の処理の効率はGPUとASICの間です。

とはいえ、通常はCPUがないとコンピュータを動かすことができません。CPUはゼネラリストなのに対し、GPUやASICはスペシャリストといえるもので、得意な分野の処理を肩代わりして高性能に処理するといえるでしょう。

異なる得意分野

CPU

・司令塔のような役割を担う
・少ないコア数で複雑な計算

GPU

・工場のような役割を担う
・たくさんのコア数で単純な計算

ASIC

・単一の暗号を解くことに特化
・マイニング以外にはほぼ使えない

近年は GPU と ASIC がしのぎを削る

使い勝手がいい！

処理速度では
負ける…

とにかく高速！

初期費用が
高い…

▲GPUに比べて、AI分野で使用できるASICは比較的少ないため、現状ではいまだGPUを利用するのが一般的となっている。

029

Googleが開発したGPU「TPU」とは

処理の高速化と消費電力低減の両立

ディープラーニングに使用する半導体は、より処理に特化したものが使われるようになってきました。

とくに有名なのはGoogleで、自社製のGPUである「**TPU(Tensor Processing Unit)**」を開発しました。最初に開発を始めたのは2013年で、2018年時点では3代目となり、これは検索サービスの「Google Search」や、翻訳サービスの「Google Translate」などですでに使用されています。

TPUの特徴は、現在の汎用的なCPUで採用されている32ビットではなく、機械学習の「推論」に適した8ビットの演算器が組み込まれていることです。これは**32ビットに比べて演算の精度が劣るものの、AIを多用したGoogleのサービスにとってはむしろ適切だと考えて設計しているのです**。また、第2世代のTPUでは16ビットの演算器を搭載しています。

TPUには、もう1つ大きな特徴があり、「シトリックスアレイ」と呼ばれる大規模な行列演算パイプラインを実現しています。これは行列演算を高速化するためのしくみです。通常は演算の途中でメモリにデータを読み書きするものですが、その分、処理に時間がかかってしまいます。この「シトリックスアレイ」では、メモリへの読み書きを大幅に減らすため、高速化と同時に消費電力の低減にもつながっています。近年、自社独自にプロセッサを開発する企業は増えていますが、いずれも大規模なデータセンターを擁しているため、消費電力を抑えるための工夫が見られます。

異なる得意分野

クラウドサービスも開始

機械学習を加速させる

機械学習のワークロードを高速化する

オンデマンドのML スーパーコンピューティ

出典：CLOUD TPU（https://cloud.google.com/tpu/）

超小型・超高性能の TPU

NVIDIA やインテルに
対抗？

GPU の
30 倍高速！

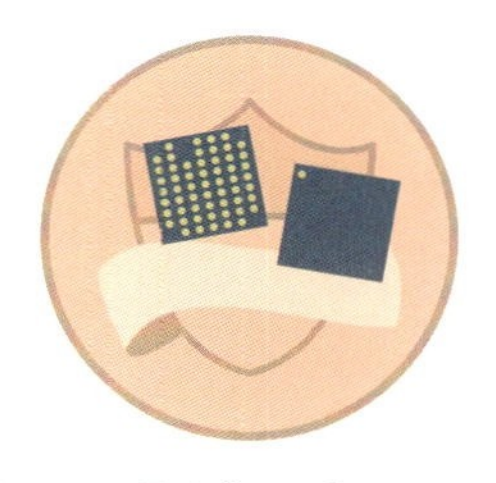

1 セント硬貨より
小さいパッケージ

▲Googleの開発したオープンソースライブラリ「TensorFlow」を通してのみ利用可能。料金は1TPUあたり1時間に6.5ドル。

Column

ディープラーニングは「黒魔術」？

ディープラーニングは、期待通りの結果を出せたとしても、どうしてその結果が導き出せたのか開発者にすらわからないケースが多々あります。長年、研究者たちの間で冷遇されてきた背景にも、その不透明性があります。「なぜそうなるのかわからないけど、おもしろい」では論文の査読など通らないからです。

解明できていないということは、まだ完璧にはAIを活用できないことを意味します。たとえば、ディープラーニングを使ったAIを株式のトレードシステムに使うことを考えてみましょう。さまざまなデータをもとにリアルタイムで判断し、買い時・売り時を自動的に決めてくれたとします。しかし、もし損をしたとして「不正なプログラムが埋め込まれているのでは」などと疑われたら、完璧な反論ができないのです。

しかし近年になって、特に海外の学会を中心に、ディープラーニングの公平性や透明性を明らかにするための論文が発表されるようになりました。またAIのソフトウェアも、中身が見えない「ブラックボックス」ではなく、処理過程を追うことができる「グレーボックス」「ホワイトボックス」の機能を持つものが増えています。「魔術」が解明される日も近いといえるでしょう。

▲「なぜそのような結果が出たかわからない」というディープラーニングの側面を悲観的にとらえ、手に負えなくなる前に規制すべきだという意見も出ている。

Chapter 3

これでわかった!
ディープラーニング開発の第一歩

030

ディープラーニング導入の手順

目的に応じたスペックを選ぶ

ディープラーニングの導入は、ソフトウェアとハードウェアの選定から始まります。

まずは、ソフトウェアの選定です。ディープラーニングでは、開発に必要な機能や「**ライブラリ（よく使われるプログラムを再利用できるように、ひとまとめにしたもの）**」を集めた「**フレームワーク**」を利用するのが一般的です。代表的なものとしては、Googleの「TensorFlow」、Facebook社が開発を主導した「PyTorch」、Preferred Networksの「Chainer」などがあります。用途によって違いはありますが、いずれも**出力結果に誤差が小さくなるよう、パラメータを最適化する作業を自動で行ってくれます**。

一方、ハードウェアとなるパソコンにおいてはGPUの選択が重要になります。一般的にディープラーニングで使われるようなGPUは交換可能なパーツとして販売され、デスクトップ型のコンピュータやデータセンターのサーバーに取り付けることで動作させます。**CPUやGPUのメモリ量は作りたいネットワークの規模によって左右される**面もあるため、必ずしもいちばん高いスペックを求める必要はありません。小規模であれば、CPUにはCore-i5、GPUにはエントリーモデルのGeForceを搭載した10万円程度のモデルでも運用は可能です。

また、より低コストでディープラーニングを行いたい場合は、高性能なGPUのボードを購入せず、クラウドサービスを利用する方法もあります。

導入の手法とメリット・デメリット

ソフトウェアの選定

フレームワーク
・TensorFlow
・PyTorch
・Chainer
など

出力結果の
誤差を抑える

ハードウェアの選定

GPU
エントリー
モデルの GeForc
程度でも OK

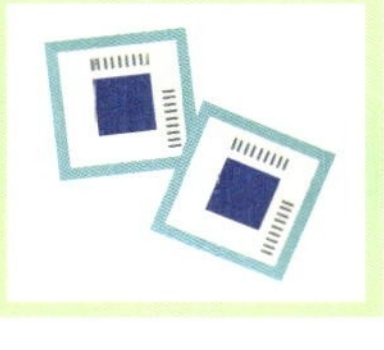

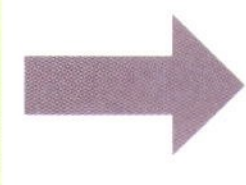

大量の計算を行う

メリット→カスタマイズ性とセキュリティ性に優れる

デメリット→初期費用が高額

クラウドを選択する方法もある

コストを抑える

メリット→低コストかつ調達期間が短い

デメリット→既存の社内システムと連携しないケースもある

▲運用時のビジネスモデルやセキュリティ、初期立ち上げに必要なデータ量などでどちらを選ぶかは変わってくる。

031

導入後の手法

目的に応じて選ぶ

ディープラーニングの手法にはさまざまなものがあります。

「**回帰（Regression）**」は、ある成果に対し、複数の要素の関係や影響度を算出する統計的な手法です。半年後の先物取引の価格を予想するような場合に使います。

「**分類（Classification）**」は、ある対象物が何なのかを推論するものです。たとえばパンの種類を判別し、アレルギー情報などを表示してくれるサービスなどに応用できます。

「**ランキング学習（Learning to rank）**」は、「ランク学習」などとも訳され、教師あり学習の1つです。その名のとおりサービスや商品のランキングを学習することで、Web上に表示するおすすめの商品などを最適化できます。

「**Seq2Seq（Sequence to Sequence）**」は、機械翻訳など自然言語処理で利用される手法です。翻訳であれば、もとの文章をどこで区切るかによって意味が違ってくるため、さまざまなパターンで区切った場合で、大量に読み込んだ辞書の例文を比較して最適な訳文を提示するものです。従来の手法では、数個の単語が限界で、長い文章を読み解くことができませんでした。しかし、ニューラルネットワークを使うことで可能になり、現在はディープラーニングを使用するようになりました。これらはチャットボットなどにも利用されている技術です。

ディープラーニング導入後は、こういった手法の中から適切なものを選び、費用対効果を見極めて運用することが重要となります。

さまざまな手法

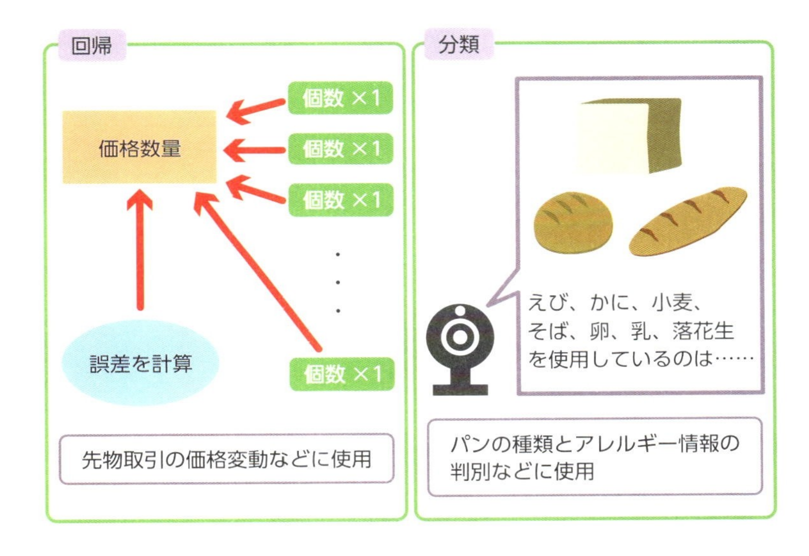

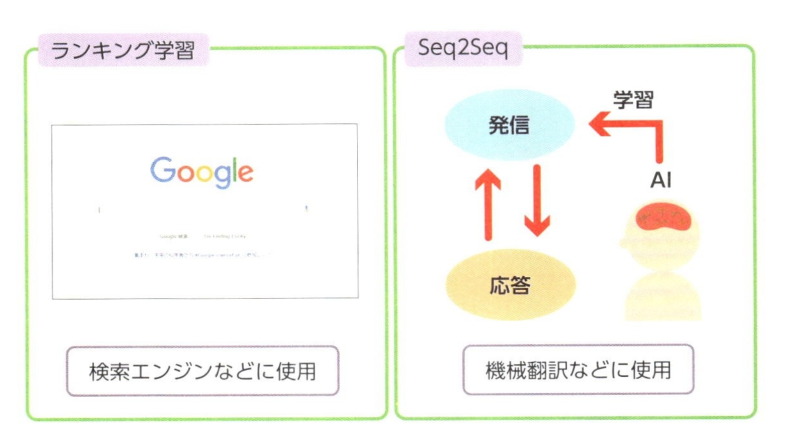

▲いずれの手法も導入後すぐに思いどおりの結果が出るわけではない。根気強くデータ収集や正解ラベルの付与を行う必要がある。

032

ビッグデータが集められなかったら……

「水増し」で対応する

ビッグデータを自前で揃えるとなると、しばしば膨大な手間がかかります。そこで最近は、データが少なくても学習できる技術が発展しています。データが少なくて済むということは、これまで人工知能の利用が難しかったニーズを満たすだけでなく、データを集めたり成形したりする労力が減り、さらに学習する時間が少なくて済むことにもつながります。その手法は、大きく2つあります。

1つは「**Data Augmentation**」で、日本語では「**水増し**」と呼ばれています。これはCNN（P.42参照）などによる画像処理において力を発揮するもので、**学習データを変換してデータ量を増やす方法です**。具体的には画像を回転させる、部分的に隠す、ノイズを加える、変形させるといった加工を行います。フレームワークによっては、こういった水増しの機能を備えているものもあります。

そしてもう1つが「**Transfer learning**」で、「**転移学習**」と訳されます。これも画像認識で有効な手法で、**別の用途で学習済みのデータを流用して、少ないデータで学習させることです**。転移学習の方法にはいくつかありますが、典型的な基本は重み付けの結果を途中の層まで再利用し、それ以上の層のみ重み付けを行うというものです。自動車と果物など、まったく別のものでも転移できます。精度と学習時間のバランスを考えて、どの層までを再利用するかを決めるのです。そのほか、異なる対象物1つにつき1枚の写真を撮影するのではなく、角度や大きさを変えることで、1つの対象物から何百枚もの画像を撮影する水増し方法も存在します。

少ないデータを多く見せる

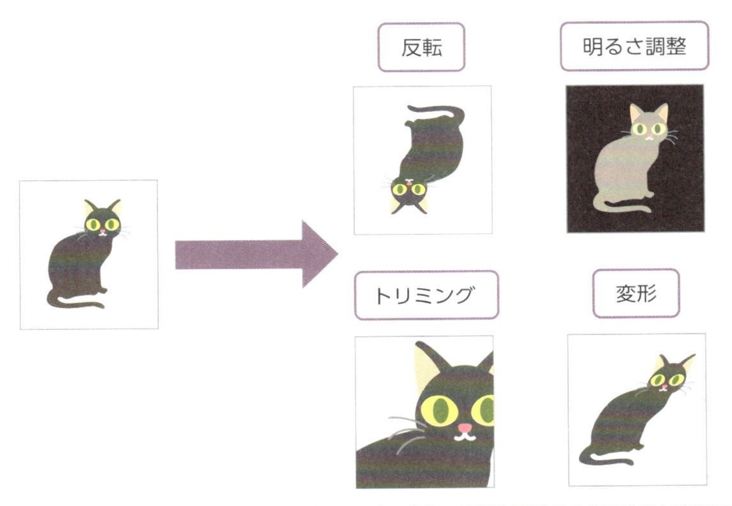

▲たとえば同じ猫の画像でも、加工を加えることであたかも別の画像のように見せかけることができる。この「水増し」を応用すれば、1枚の画像を数百枚の画像として扱うことも可能だ。

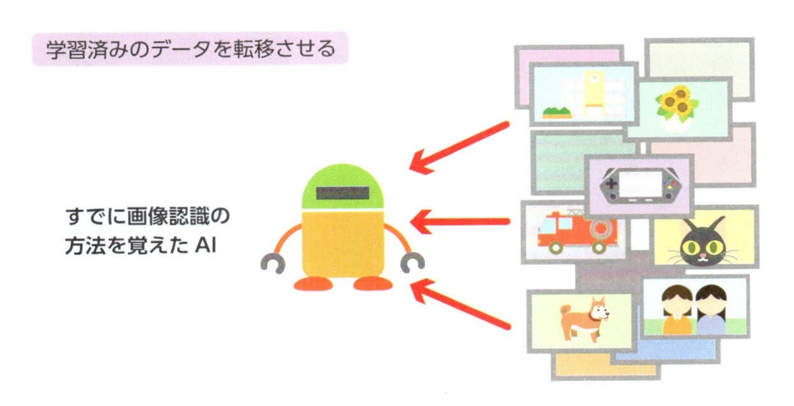

▲すでに何種類かの画像認識が可能になっているAIであれば、未知の画像であっても、それまでに獲得した「認識の仕方」を応用して認識できる場合がある。

033

開発に必要な人材とは

エンジニア、ジェネラリスト、データサイエンティスト

現在、とくにスタートアップ系の企業において、ディープラーニングの知見を持つ人材の育成が急がれています。とはいえ、単に理論を理解しているというだけでは、ビジネスに応用はできません。そこで活躍が期待されるのが「**ジェネラリスト**」です。ジェネラリストとは、**経営層、開発に携わるエンジニアなどの相互理解を深め、うまくつなげる役割を果たすとともに、基礎的な理解者としてデータ活用を支援する人材です**。

「一般社団法人日本ディープラーニング協会（JDLA）」では、そのような人材を育成すべく、毎年、検定を実施しています。ジェネラリストとしての知見を問う「G検定」と、エンジニアが対象の「E資格」です。

「G検定」の試験では人工知能の定義や最新動向、ディープラーニングの概要や手法、どう産業に応用するのかなどが出題されます。一方の「E資格」においてはディープラーニングの理論や実装能力が問われます。

そのほか、近年大きな注目を集める職業として「**データサイエンティスト**」があります。データサイエンティストとは、**ビッグデータからビジネスに活用できそうな知見を見出し、事業や経営の課題を解決する人材です**。「データサイエンティスト協会」では、そんなデータサイエンティストを育成すべく、カリキュラムの作成や勉強会を実施しています。それぞれの人材に適切なトレーニングが提供されることで、ディープラーニングによる産業競争力の向上が目指されています。

各人材に必要とされるスキル

AI・機械学習エンジニア

・フレームワークに依存せずに環境を構築することができる

・プログラミングを理解している

・線形代数、確率・統計、微分・偏微分の基礎を理解している

AI・機械学習ジェネラリスト

・ディープラーニングの基礎知識を持つ

・エンジニアと非エンジニアの相互理解を促す

データサイエンティスト

・統計を解析するための情報科学系の知見を持つ

・データサイエンスを実装・運用するために、目に見える形で提示できる

・エンジニアと比べて、より「分析」に重きを置いた業務を行う

▲検定による資格の取得はもちろん、AI部門で先行している他部署や他社に出向させて「生きた体験」をさせるケースもある。

034

効率的な運用を支える組織体制

データサイエンスの重要性

ディープラーニングを活用したビジネスモデルを作成するには、適切な組織体制のもとで、いくつかの段階を踏む必要があります。

まずはビッグデータの用意です。ただ集めるだけでも大変ですが、時間がかかるのは、このデータを学習できる形に揃えたり、余計なデータを除いたりする準備段階なのです。水増しや転移学習（P.74参照）で対応するにせよ、やはり時間はかかります。

このような背景もあり、エンジニア、ジェネラリスト、データサイエンティストはもちろん、「**データエンジニア**」の必要性も増しています。データエンジニアとは**利用しやすいようにデータを揃える専門家のことです**。さまざまなデータを一元的に保管し、横断的に分析できる環境を整備することで、従来不可能だった洞察を初めて可能にしてくれます。

また企業全体の組織面では、データ活用に協力してくれる環境づくりも重要です。とくに現場が強い組織では、新しくできたデータサイエンスのチームが何者かわからず、かんたんに受け入れられない可能性も考えられます。経験に頼って判断を下していた組織を変えるために、AIによる小さな成功事例を積み重ねていくことも重要です。

きちんとした組織体制が整えば、公共機関どうしのネットワークを支えるビッグデータ利用やデータの可視化も可能になります。ひいては、社会インフラとしてデータを安定的に提供するための支援業務などにもつながっていくはずです。

柔軟な組織体制

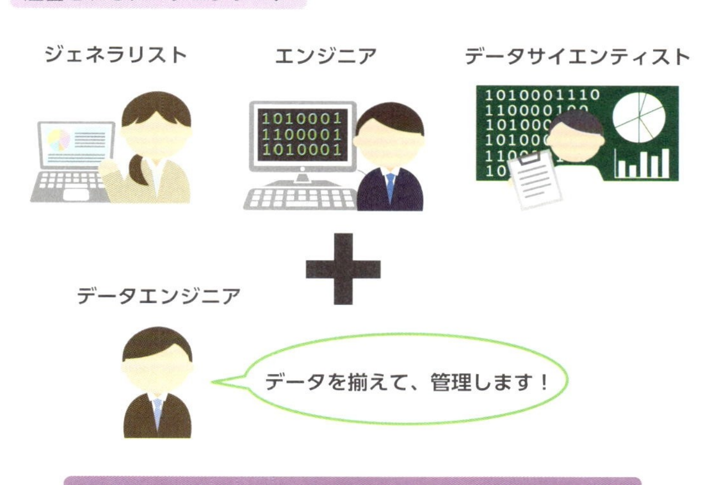

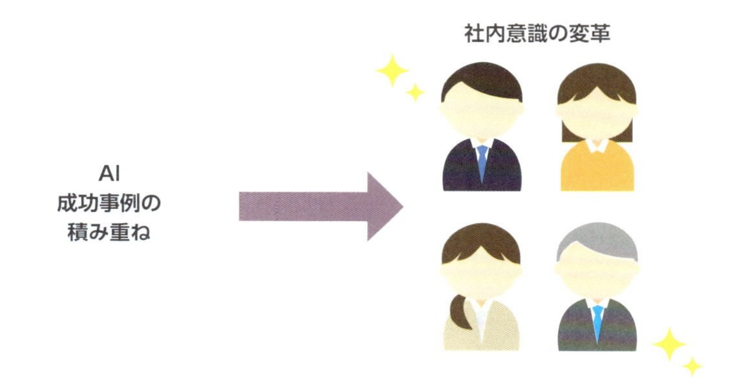

▲「ジェネラリスト」「エンジニア」といった言葉の定義はいまだ定まっていない部分も多く、エンジニアがジェネラリスト的に役割を果たすケースなども多々ある。

035

よく利用されるクラウドサービス

用途と特徴に応じて選ぶ

手軽で柔軟にコンピューティング能力やサービスを利用できる「**クラウドサービス**」は、注目すべき存在です。

社内システムの多くに機械学習を取り入れているAmazonは、「AWS」を提供しています。特徴は、全世界で数百万人を超える利用者によって、安定したユーザー基盤が敷かれている点です。また、Amazonが自社のネットショッピングに生かすために開発しているとあって、とくにショッピング系ビジネスで役立つモデルや機能が充実しています。中でも、開発者向けとしては世界初となるディープラーニング専用のビデオカメラ「**AWS DeepLens**」は、**人の顔だけではなく「歯を磨く」「口紅を塗る」といった動きも認識できるとして、応用の可能性を大きく高めました**。

「Microsoft Azure」（Azure）は、「AzureML」を提供しており、Amazonよりも汎用的な、工場での適用など幅広く利用できる内容になっています。また、企業ではOffice 365などMicrosoftのクラウドサービスを利用していることが多く、**料金やユーザー管理も含めてAzure自体が企業内で統合しやすいのも特徴的です**。

「Google Cloud Platform（GCP）」は、他社製クラウドと比較して約5倍の起動速度を始めとする高速性が魅力です。さらに、学習するためのサービス「Cloud ML Engine」や、学習済みのモデルを利用可能にしたAPIサービス群「ML APIs」、さらにAPIでは不可能なカスタマイズを可能にしてオリジナルの学習モデルを作れる「AutoML」など、ラインナップも充実しています。

各クラウドサービスの強み

AWS

・安定したユーザー基盤

・TensorFlow、Apache MXNet などの主要な機械学習フレームワークをサポート

・ディープラーニングに特化したビデオカメラ「DeepLens」を 249 ドルで注文可能

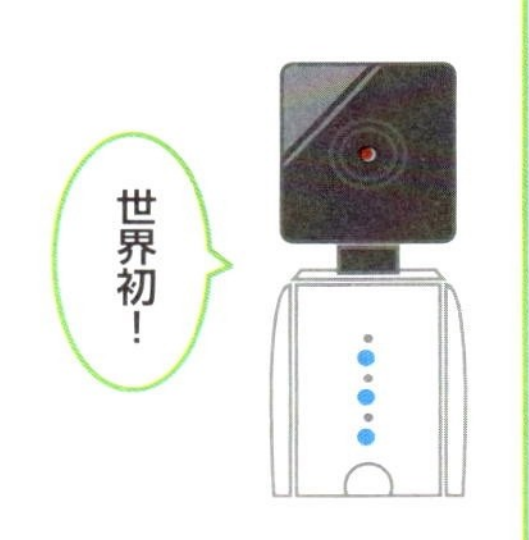

Microsoft Azure

・学習済み AI の種類が豊富で自由度が高いぶん専門性もやや高い

・PDF や動画など、チュートリアルが充実

・Windows 環境向き

Google Cloud Platform

・ユーザに優しいシンプルな課金体系

・サーバー負荷の分散に優れ、快適な速度を保持

・Google の AI を支える「Google Cloud Machine Learning Platform」のサービスが利用可能

▲無料サービスもあるが、安定性を求めるならこれらの代表的なクラウドサービスを選ぶべきだろう。

036

クラウドのメリット

無制限の容量と柔軟性が魅力

クラウドサービスとは、従来であれば利用者のパソコン上でのみ利用していたデータやソフトウェアを、インターネット経由で、さまざまな利用者に提供するサービスです。クラウドを利用することで、ディープラーニングにも大きなメリットがあります。

第一に、ビッグデータの管理が容易で、かつ低コストで済ませることができます。**クラウドは巨大なサーバーなので、事実上無制限のデータを管理することができるのです**。

また、「AWS」など代表的なクラウドサービスにおいては、**複雑な演算に適したGPUを活用することで、学習モデルのトレーニング期間も短縮できます**。こうして構築した学習モデルを用いて、さらに精度を高めることも可能とされています。

クラウドは柔軟性も魅力です。クラウドで利用できるディープラーニングのフレームワークは「**PyTorch**」「**Chainer**」「**keras**」などを始めとして多岐にわたっており、用途に応じて好きなものを選ぶことができます。

ただしサービスによっては、利用できるアルゴリズムの中身が公開されていない場合があります。ビジネスでの利用では、得られた結果の根拠を示さなければならないケースもあり、用途によっては慎重にサービスの構成を考えます。そのほか、ネットワークによっては、データ転送に時間がかかる場合があります。ディープラーニングでは大量のデータを扱うため、目的の用途で支障がないか、よく検討しましょう。

手軽さが魅力のクラウド

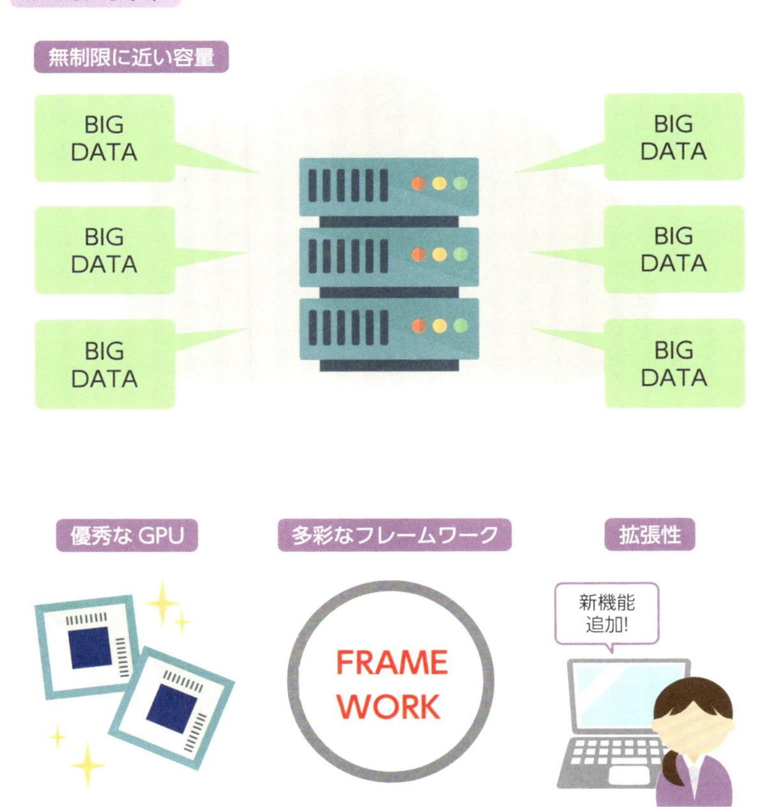

▲かんたんな手順に従ってアカウントを作成するだけで、わずか数分でディープラーニングを始められるものもある。

037

クラウドの価値を左右する「API」とは?

さらに広がるソフトウェアの可能性

クラウドサービスのなかには、外部から「**API（Application Programming Interface）**」を通じて簡単にディープラーニングの機能を利用できるものがあります。APIとは、ソフトウェアの機能の一部をインターネットに公開し、外部から利用できるしくみのことです。

生活と身近なところでは、Amazon Lexが知られています。これはAmazonのスマートスピーカーEchoで使われている「Alexa」と同じ音声合成機能を用いて、自動音声認識と自然言語理解が利用できます。このAPIを利用すれば、**人間の言葉での問いかけに自動で応答するチャットボットを構築することが可能です**。

Microsoftも各種APIを提供しています。Microsoft Faceと呼ばれるAPIでは、顔の画像や動画をもとに、さまざまな識別処理を行えます。例えば、怒り、驚き、中立などの感情を返すものや、2つの顔が同一人物である確率を返すものなどがあります。MicrosoftはWebの検索サービスも運営していることもあり、**自然言語処理、ニュース記事やビデオの検索といった関連するAPIも充実しています**。

GoogleのCLOUD VISION APIでは、画像認識の多彩な機能を提供しています。**画像に含まれている商品のロゴや建造物、ランドマークを検出することができます**。また、画像から文字を認識するOCRという機能も用意されており、幅広い言語も自動判別して、画像から文字データを取得できます。

APIの具体例

Amazon Lex

・音声合成が得意
・一か月あたり最大で10,000回のテキストリクエストと5,000回の音声リクエストを処理
・コールセンターなどで活用

Microsoft Face

・顔を認識し、年齢や性別、感情などを推定
・カスタムで特定人物の顔を追加登録可能に
・大企業での出退勤管理などに活用

CLOUD VISION API

・モニタリングした映像を解析
・顔以外の多彩な認識に優れる
・小売店などの業務効率化などに活用

▲ディープラーニングで使用されるAPIは用途が限定的であるだけに、活用の目的さえはっきりしていれば即戦力として期待できる。

038

フレームワークによってさらに開発が進む

提供する企業側の狙いとは

ディープラーニングでは、「**フレームワーク**」と呼ばれるソフトウェア群を使って開発を進めることがほとんどです。既存の用途であれば学習に必要な処理パターンはほぼ決まっているので、利用しやすい形で提供しているのです。その多くはオープンソースによって開発され、無料で利用できるようになっています。

代表的なものとして、Googleの「**TensorFlow**」があります。「Tensor（テンソル）」とは線形の量を表す概念で、ディープラーニングに欠かせない多次元のデータ構造を意味しています。注目すべきは、Google自体も「TensorFlow」で開発を行うことで、世界中の優秀なプログラマーが「TensorFlow」の性能をさらに引き出すことを期待しているというビジネス的な側面です。そのほか、Amazonの「Amazon Machine Learning」、「Chainer」、「Keras」、「Caffe」などが知られています。

こうしたフレームワークの多くに共通するのはプログラミング言語「Python」に対応し、「GPU」を利用して学習でき、OSは「Ubuntu」などの「Linux」で動作するように作られている点です。「GPU」はNVIDIA社製のものがほとんどで、フレームワークもNVIDIAに対応しています。NVIDIAとしてもより使いやすい環境を提供しようと、独自のフレームワーク「TensorRT」を用意しています。その狙いはGoogle同様、フレームワークを共有することで効率的に自社環境を発展させることにあります。

フレームワークがつなぐエンジニアのアイディア

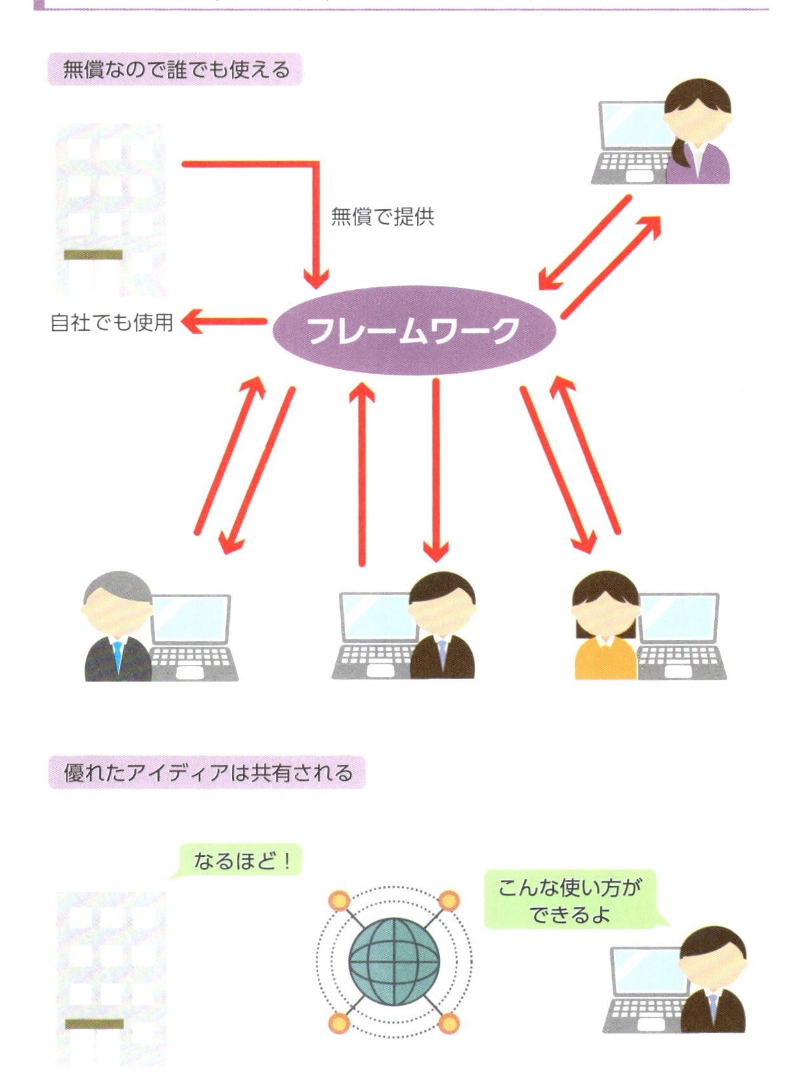

▲翻訳、音声認識、画像認識、ドローンなど、用途によって適したフレームワークも異なるが、オープンソースとして提供されることで日夜進歩を続けている。

039
フレームワークのメリットとデメリット

とにかく導入すればよいわけではない

フレームワークの充実は、ディープラーニングの開発における難易度を下げるのに貢献し、ディープラーニングを身近な存在にしています。「TensorFlow」のように利用者が多いフレームワークであれば、学習するための教材が多く、困ったときの情報量やコミュニティの数も充実しています。また、**プロジェクトへの参加人数が多い場合に足並みをそろえやすいといった利点もあります**。

とはいえ、フレームワークにはもちろん課題も存在します。たとえば、プログラミング初心者でも利用できる反面、複雑なコードがユーザーからは見えないようになっているので、**どのように動いているかを理解する力がつかないことです**。また、処理のカスタマイズが容易でないといったデメリットもあります。

そのほか、フレームワークの手軽さ、敷居の低さばかりが喧伝された結果、漠然とした「コスト削減」のような名目のもとで導入が検討されるようなケースも多々あります。もちろん、いくら敷居が低いといっても、フレームワークを導入するには最低限の知識や用途に対する向き不向きを慎重に検討する必要があります。また、フレームワークは意図的に動作を制限することで特定の作業に特化しているため、特殊な業務フローが生じたときなどにはむしろリスクと化してしまいます。結果として、自前でシステムを用意したほうが時間的・内容的に優れていた、というケースも存在します。

フレームワーク導入の際は、案件の規模と人員のスキルを総合的に判断することが重要となります。

案件とスキルによって検討するのがベター

フレームワークのメリット

・大人数のプロジェクトで足並みをそろえやすい

・一定の知識さえあれば初心者でも利用可能

・コミュニティ内で問題を解決しやすい

大人数かつ長期で、例外の少ない動作を想定しているプロジェクト向き

▲規模の大きな学習を行ったあと、その結果をもとに別の機関で転移学習を行うといったケースがある。その際もフレームワークが共通であればスムーズな進行が見込める。

フレームワークのデメリット

・動作に対する知識が付かない

・サンプルごとに計算していくため、学習速度は比較的遅い

・導入方法が適切でないと大きなリスクと化す

特殊な業務フローであれば、自前でプログラミングしたほうがよい場合もある

▲検討不足のままフレームワーク導入を行った結果、未知の問題設定に対応できず人件費の損失につながるといった事態もありうる。

040

プログラミング言語を知らなくても開発可能？

ソニーの「ノンプログラミング」開発ツール

ディープラーニングの開発環境は多岐にわたりますが、共通しているのは「プログラミング言語の理解が必要」という点でした。しかし近年では、もっと肩の力を抜いて開発できる環境も整いつつあります。

その1つが、ソニーが無料公開している開発ツール「**Neural Network Console**」です。最大の特徴は、**「ノンプラミング」、つまりプログラミング不要であることです**。そしてツールのデザインも優れており、見た目にわかりやすく、基本的にマウス操作で開発することが可能な「GUI（Graphical User Interface）」でできています。もちろん実用性も十分で、不動産価格の推定やジェスチャー認識による音声アシスタント操作など、ソニー社内で実際に活用されています。

シリコンバレーのスタートアップ企業が開発しているのは、「**Lobe**」です。これもディープラーニングを身近にするツールで、**ドラッグ＆ドロップの操作だけで、アルゴリズムを作成できるようになっています**。その手順は、テンプレートの中から構築したいアルゴリズムを選択し、認識させたい物体の写真などトレーニングのデータをドラッグ＆ドロップするだけです。できあがったアルゴリズムは、TensorFlowなどで使用できるライブラリとしてエクスポートできるため、アプリケーションに組み込むことも容易です。テンプレートには、皮膚の画像からガンの可能性を判断するものなど数十種類が用意されており、今後も増えていく予定です。

Neural Network Console

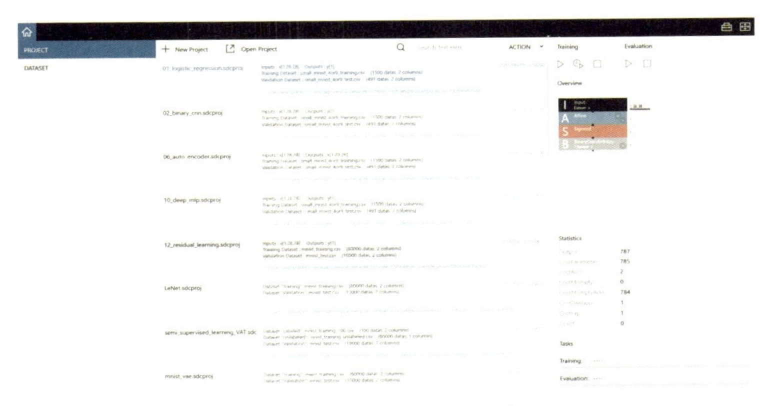

参考：ソニー「Neural Network Console」（https://dl.sony.com/ja/）

▲チューニングを行う必要もなく、学習の様子はリアルタイムで確認できる。学生層のハードルを下げる意味でも、活用が期待されている。

▲十分な商用クオリティを持つ「Neural Network Console」は、すでにさまざまな分野で実用化されている。

041

どんなプログラミング言語が使われるのか

現状は「Python」一強

ディープラーニングのソフトウェア開発に使用するプログラミング言語といえば、真っ先に「**Python**」の名が挙げられます。**プログラミング言語固有の文法にあまりとらわれず、データの取り扱いをシンプルに記述できるためです**。しかし、これ以外にもさまざまな言語が存在します。

「JavaScript」は、Pythonのようなサーバー側で動かす言語とは違い、ユーザー側のブラウザで動かす言語です。そのJavascriptから生まれたのが「TensorFlow.js」というライブラリ（使用頻度の高い機能をだれでも利用できるようにまとめたもの）で、スマートフォンのブラウザからでも利用できるため、さまざまなアプリケーションでの活用が期待されています。

「Java」は、あらゆるシステム開発で利用されている言語です。これは実行環境さえ用意されていれば、「Windows」や「macOS」、「Ubuntu」と、さまざまなプラットフォーム上に移植しやすいのが特徴です。プログラムの誤りを修正する「デバッグ」がしやすく、大規模なプロジェクトで管理しやすいとされています。

「C」や「C++」も重要です。実行速度が高速で、ハードウェアの制御も得意としており、ほかの言語で書かれたプログラムも、奥深くまでたどれば「C」で書かれたライブラリが動いていることも珍しくありません。実際、**「Python」で使用しているディープラーニングに欠かせないライブラリ「NumPy」も、内部では「C」で書かれているのです**。

主要なプログラミング言語一覧

ディープラーニングを支える言語

言語	特徴
Python	・高速な計算に長けたライブラリが豊富 ・文法がシンプル
Prolog	・自然言語認識や推論にすぐれる ・Pepper の開発に使用されるなど、現在でも有効
C++	・高速に処理できる ・管理が難しく、やや熟練者向けの言語
R	・統計解析に特化 ・統計が重要な医療分野で注目
Julia	・C++ほどではないが C に並ぶ高速性 ・比較的後発の言語であるため、他言語のメリットをうまく取り込んでいる
JavaScript	・Web ブラウザから AI を制御可能 ・Web 系の知識と相性がよい
Java	・利用者が多く、大量のプラットフォームが存在する ・環境に依存せず、どんなコンピュータ上でも動作可能
Haskell	・バグに強い ・AI 向けのライブラリは少なめ

ディープラーニングでは Python がよく使われる

```
File  Edit  Format  Run  Options  Window  Help

class RNp2to191:
    c209 = 2**32 - 209
    c22853 = 2**32 - 22853

    def __init__(self,*t):
        if (len(t) == 0):
            self.x10 = 3
            self.x11 = 2
            self.x12 = 1
            self.x20 = 6
            self.x21 = 5
            self.x22 = 4
        else:
            if (len(t) != 6):
                print("len(t) = %d"%(len(t)))
                raise "Number of parameters Error !"
            else:
                self.x10 = t[0]
                self.x11 = t[1]
                self.x12 = t[2]
                self.x20 = t[3]
```

▲現在、ディープラーニングの分野ではPython一強という状況ではあるが、速度や応用分野によってはほかのプログラミング言語を検討してみるのもよいだろう。

042

なぜPythonが使われるのか？

ポイントは簡易性

ディープラーニングにおいてはプログラミング言語が非常に重要ですが、その中でもっとも注目度が高いのは、「Python（パイソン）」です。その理由は、いくつかあります。

1つは、**「NumPy」などのライブラリが充実しているからです**。これは数値計算を効率的に実行するのに重宝し、とくにディープラーニングで必須の行列演算で役に立つものです。何より、Webアプリ制作にも向いていることが流行に拍車をかけています。

2つ目に、**構文がシンプルで、プログラマーとしての経験がそれほどなくても理解しやすく、かんたんに記述することができるからです**。ディープラーニングの専門家といえど、必ずしもプログラミングの達人というわけではありません。そのため、初心者に優しく習得しやすい点が評価されています。また、どのフレームワーク（P.86参照）でも対応しており汎用性が高いので、**環境が変わっても言語を覚え直す必要がなく、プログラムの転用も容易です**。

3つ目には、「インタプリタ型」の言語であることが挙げられます。プログラミング言語は「Python」に限らず、実行するときにはコンピュータが理解できる「1」「0」の状態に変換する必要があります。「C」などの「コンパイル型」言語は、あらかじめ全体を変換しておいてから実行するのに対し、「インタプリタ型」では、1文ずつ変換しながら実行します。そのため、トライ&エラーをくり返しながら開発を進める場合には、すぐに実行してすぐ直せるPythonのほうが使いやすいのです。

Pythonの概要

Python が選ばれる理由

- 読みやすく、書きやすい
- メンテナンスが容易
- データの分析に向いている
- AI 向けの環境が整備されている
- 流行の Web アプリ開発に向いている

Python によって作られたサービス

YouTube

Instagram

Dropbox

Pinterest

▲その使い勝手のよさから、世界的に人気のあるアプリにも使われているほか、ゲームやブラウザなど、Pythonによって作られたサービスは多岐にわたる。

043

オープンなデータセットを活用する

データ活用のコンペも躍進の原動力

ディープラーニングに必要不可欠なビッグデータの中には、「データセット」としてインターネット上に無料公開され、誰もが利用できる状態になっているものもあります。とくに顔の検出などの画像の検出においては、オープンなデータセットの流通が飛躍的な精度向上につながったといわれています。

とくに有名なのはAmazonが運営するクラウドサービス「**AWS**」のデータセットです。国勢調査や衛星画像、ゲノムといったスケールの大きなデータのほかに、Amazonらしく商品イメージ画像や、購入商品のレビューも使用可能です。

また、「**Kaggle**」というコミュニティーでは、研究機関や企業の**さまざまなデータセットを公開しながら、予測モデルの作成や、データ分析を競い合うコンペを実施しています**。中には企業が賞金を付けて問題を用意している場合もあり、世界中のデータサイエンティストたちが挑戦をくり返すことで、発展を続けているのです。データセットの種類はサッカーの結果といったスポーツや、選挙の投票、大気環境、株式、ゲノムといった多様さで、日々、追加されています。初心者でも参加でき、ライブラリの使い方を覚える練習にもなるため、データセットを得る以外にも活用できます。

このほかにも、各機関や企業が特徴的なデータをオープンにしていますが、日本ではまだ少なく、ほとんどの場合が英語サイトです。しかし、有志などによって日本語のチュートリアルを公開するWebサイトも増えてきています。

急速に発展していくデータセット

データセットとは

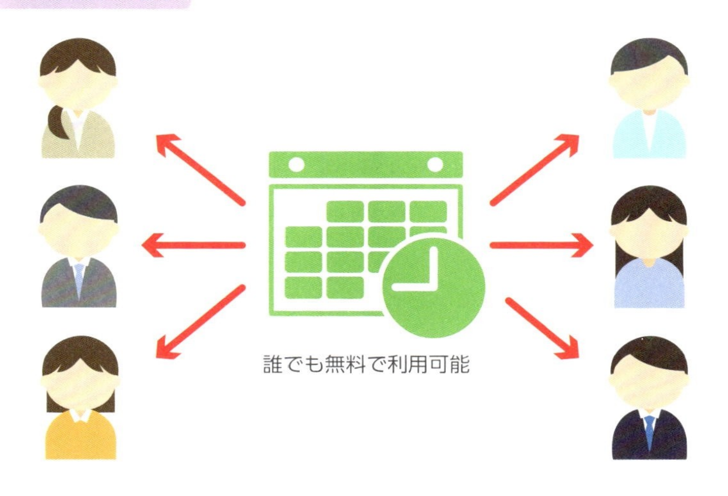

さまざまなデータセット

Kaggle

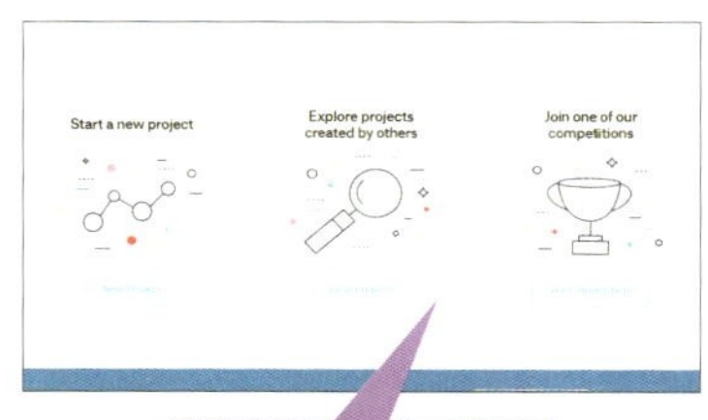

予測モデル作成のコンペなどを開催

AWS

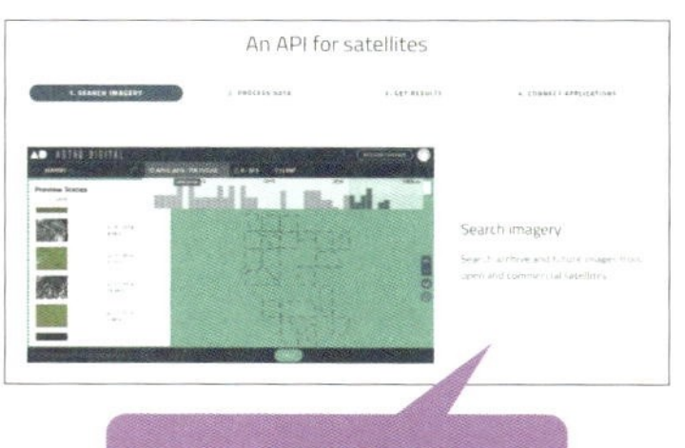

国勢調査や衛星画像の分析に活用

▲ディープラーニングに代表される機械学習の実装が近年一気に進んだ背景には、このようなオープン化によって世界中の高度な技術者がこぞって開発に参加したことが大きい。

044

アウトソーシングで、プロの手を借りる

設計から運用まで、用途に応じて検討する

ディープラーニングにも、アウトソーシングサービスがあります。サービスを提供している会社の多くは、研究所出身者や博士号を持つような人材をはじめ、多くの専門家を擁しています。人材を個別にリクルートするのは、高額の報酬を用意しても難しい状況だけに、利用する意義はあるでしょう。ディープラーニングをビジネスに活用するステップに応じたサービスを提供するだけでなく、**どうやってビジネスに取り入れていくのかロードマップを描く手助けをするコンサルティングサービスもあります**。

手間と経験が必要な学習データの準備でも、外部の力を借りる価値があります。大変なのは学習が正解かどうかを判別して、学習データに「タグ」を付ける作業なのですが、これを支援するサービスも存在します。注意すべきなのは、自社が保有するデータセットや、作られた学習モデルをきちんと管理することです。個人情報が含まれたデータが流出すれば大問題なのはいうまでもなく、学習モデルが競合企業にも使用されれば、自社のノウハウを利用してより高度なAIを開発されるおそれがあります。

法律や契約書が、AI向けに整備されている過渡期であるため、アウトソーシングサービスを依頼した企業のデータで作られた学習モデルの権利が誰にあるのかが、不明瞭な場合もあります。オープンにすることとクローズにすることの線引きや、どこまでをアウトソーシングサービスに頼るのかも含めて、よく検討する必要があります。

多様なアウトソーシングサービス

コンサルティング

・ディープラーニングの活用領域を示唆
・ディープラーニングのもたらす社会的インパクトを解説
・必要な技術とロードマップを提示

精度検証

・学習済みモデルの提案
・精度とビジネス上の効果を分析
・企業ごとに最適な形にチューニング

開発

・システムの自動化を検証
・分散処理やGPUをチューニング
・運用可能なシステムへの仕上げ

▲自社で人材を育てることも大事ではあるが、時間的コストや人的コストを考えると、アウトソーシングの方が適切なケースも多い。

045

ディープラーニング専用マシン?「ワークステーション」とは

好きな作業に特化したマシンにカスタマイズも可能

「**ワークステーション**」とは、**高性能で安定性が求められる業務向けに構成されるパソコン**のことで、通常のパソコンよりも高価ながら、長時間の連続稼動にも耐えられる信頼性の高いパーツを採用しています。近年はとくにGPUを強化したものや、フレームワークの動作を確認済みの、ディープラーニング向けと銘打ったワークステーションが多数販売されています。これらはパソコンメーカーや、いわゆるパソコンショップで購入することができ、デスクトップだけでなくノートパソコンのワークステーションもあります。

DELL EMCやHPなどの大手パソコンメーカーの場合は、基本的な構成は決まっていますが、一部の仕様を変更できるCTO（Configure To Order）に対応したものも多くあります。パソコンショップ系の場合、個人向けにも知られた通信販売のイメージがありますが、あわせてビジネス向けのラインナップに力を入れているショップなら、ディープラーニング向けワークステーションも取り扱っていることがほとんどです。こうしたショップでは、注文を受けてから組み立てて販売するBTO（Build To Order）にも対応していることが多く、おすすめの構成をベースにして、手持ちのパーツを流用するのであれば省くこともできるなど、用途に合ったパーツをCTOよりも柔軟に選択することができるのが特徴です。中には、**ディープラーニングの専門家と提携して構成を考えていることを売りにしているショップもあります**。決して安価ではありませんが、本格的に導入を検討しているならチェックしてみるのもよいでしょう。

ワークステーションの一例

ワークステーションとは

高性能な CPU かつ
複数搭載も可能

グラフィックス性能

パーツを増やして
拡張も可能

2 つ以上の
ディスプレイに対応

長時間稼働させても
動作が安定

個人でも手に取れる
価格設定

ワークステーションのスペック例

CUDA ToolKit
インストール済 ディープラーニングワークステーション（428,000円）

CPU	Core i7 7800X（3.5GHz 6 コア）
メモリ	16GB
ストレージ	HDD 1TB
ネットワーク	GigabitLAN ×2
ビデオ	NVIDIA Geforce GTX1080Ti 11GB
筐体＋電源	キューブ筐体（330×415×460 mm）＋ 1500W
OS	Ubuntu16.04
その他	NVIDIA CUDA Toolkit インストール済

▲現在では、数十万円台で、2004年に世界最速だったスーパーコンピューターを凌駕する高速の環境を手に入れることができる。

046

大規模システムの構成

圧倒的な高速性

ディープラーニング運用における、世界最高レベルの高性能な環境は、どのような構成になっているのでしょうか。

世界初、ワンボックスタイプで提供されたNVIDIA社のディープラーニング用スーパーコンピュータ「**DGX-1**」の例を見てみましょう。これは単純なコンピュータの域を超えて、巨大なシステムというべき製品です。「DGX-1」では、システムメモリを512GB搭載し、Intel社のサーバー向け高性能CPUである20コアのXeonを採用しています。また、ストレージは1.92TBのSSDを4台、RAID0という高速化重視の技術で接続する構成です。肝心のGPUは1つあたり16GBまたは32GBの「Tesla V100」というディープラーニング用の製品を8台使用しています。GPUを使用しなかった場合と比較して**96倍高速にディープラーニングのトレーニングができる性能を持ち、711時間の処理を実に7.4時間で終えることができます**。

導入事例としては、デエイアイグノシス社が、日本語テキストの分析に「DGX-1」を活用しています。同社は、「DGX-1」を用いたAIでネット通販などのコールセンターで得られた対話のテキストデータをリアルタイムで解析しました。そこから得られた情報をもとに最適な対応を導き出し、オペレーター業務のサポートに役立てています。そのほか、中部大学工学部が研究を進めている画像認識の分野にも「DGX-1」は活用され、自動運転などで大きな成果が期待されています。

DGX-1のしくみ

ハードウェアとソフトウェアが統合された設計

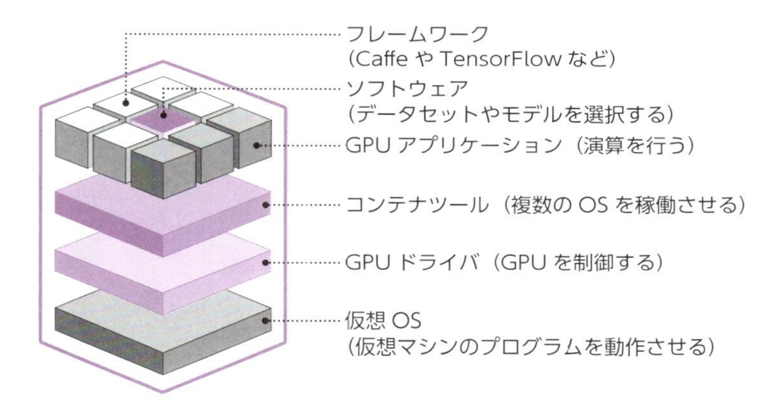

▲複雑な機構を備えてはいるもののラックはコンパクトでかつ稼働音も静かであるため、使用する場所を選ばない。

劇的に向上した性能

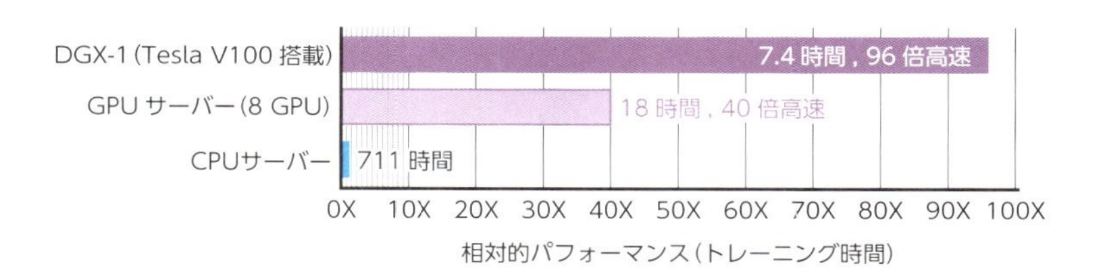

▲これらの高速性能によって、ソフトウェアのエンジニアリングに費やしていた時間も削減され、すぐに生産性が得られるのが魅力とされている。

047

企業で利用されるハードウェア

現時点ではNVDIAの一人勝ち

本格的なディープラーニングのサーバーを企業が調達するルートは限られています。専門商社や日立などの総合電機メーカー、またはITエンジニアリング企業が代理店として販売する**NVIDIA製品を購入するケースがほとんどです**。また、富士通のように自社オリジナルのシステムであっても、GPUにはほぼNVIDIA製品が採用されます。

サーバーよりも小規模なハードウェアとしては、ディープラーニング用に構成されたワークステーションを購入する方法があります。大手のパソコンメーカーが販売するものや、いわゆるパソコンショップが販売するものがありますが、サーバーよりは入手が容易で、パソコンの一種なので構成を柔軟に変更することができます。そのため、より高性能なパーツに付け替えることもできるのが特徴です。ただ、GPUはやはりNVIDIA製品が多く採用されているようです。そのほか、視覚変化などのデザインに利用されるQuadroシリーズや、高価格帯のTeslaシリーズなどもあります。

クラウドサービスを利用する場合も、**サービスを提供しているデータセンターのコンピュータのほとんどがNVIDIAのGPUを採用したものです**。Amazon、IBM、Microsoftなどの名だたる企業が運営するサービスでも、同様です。NVIDIA以外に、AMDやIntelといったメーカーも力を入れていますが、GPUのパイオニアともいえるNVIDIAの、高品質と低価格を両立した製品群にはまだかなわないといった状況です。

NVDIAの歴史

GPUのパイオニアとして業界を席捲

1993年	ジェンスン・フアン、クリス・マラコウスキー、カーティス・プリームによって設立される
1995年	同社初のビデオチップ「NV-1」が発売される。3D ゲームソフトなどに利用された
1999年	GPU「GeForce256」を発明。個人のパソコンレベルでも 3D の描画が可能になった
2002年	「Fortune」誌にて、アメリカでもっとも成長の早い企業として選出される
2010年	Tesla GPU が、当時世界最速のスーパーコンピュータである中国の「Tianhe-1A」に採用される
2016年	DGX-1 を発表。ワンボックスでディープラーニングに特化したマシンは世界初となった

▲近年はディープラーニングに特化したGPUの開発と生産を行っているNVIDIA。世界中の関係者がその一挙手一投足を見守っている。

Column

低電力でディープラーニング

ディープラーニングに使用するコンピュータは大量の熱を発するため、消費電力が増えることは環境負荷にも影響します。何より処理を行うコストにも直結するため、できるだけ消費電力を抑えようという意図による機器も多く存在します。

その中でも注目すべきは、ニューラルネットワークの処理に特化したチップの開発です。たとえば東芝の「超低消費電力アナログAIアクセラレーターチップ」は、電力消費を従来のデジタル回路処理に比べて8分の1と、大幅な削減を可能にしました。コンピュータの演算処理はデジタルで行われることが主流ですが、この開発ではアナログ回路を採用し、ニューラルネットワークに必要な乗算・加算・記憶を同じ回路で処理させる点がユニークだといえます。また、Yahoo! JAPANも自社サービスで使用するためのスーパーコンピュータ「kukai」を開発しました。これはGPUを使用した従来のディープラーニングと比べて高速なうえ、システムを特殊な冷却液に浸す「液侵冷却」を採用することで、省エネ性能を競う「Green500」で世界2位となり、高速化と省エネを両立しました。

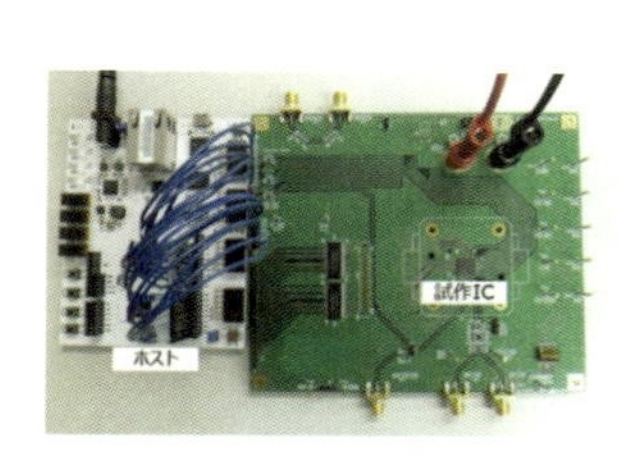

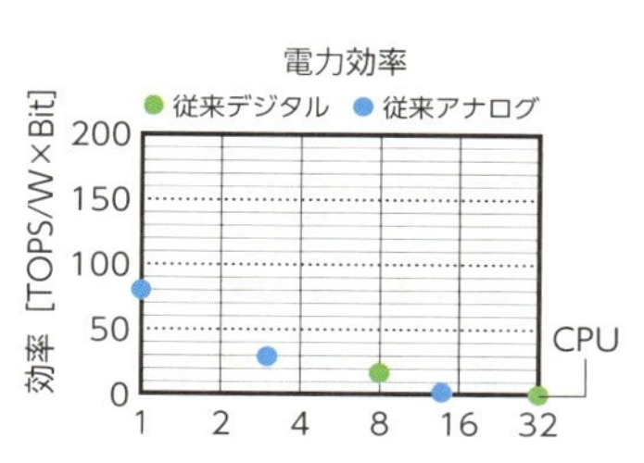

出典：東芝 研究開発ライブラリ（https://www.toshiba.co.jp/rdc/detail/1802_01.htm）

▲東芝では、このチップで画像認識や故障検知のニューラルネットワークの推論処理を成功させた。そのデモモデルも公開されている。

Chapter 4

次世代ビジネスを左右する!
ディープラーニングの応用例

048

AIが人生指南書を執筆!?

福沢諭吉と新渡戸稲造のハイブリッド書籍が誕生

書籍における言葉の組み合わせはほぼ無限大です。また、起承転結のような展開には、作品全体のテーマや個々の文章が持つ意味を理解していることが不可欠といえます。しかし、この分野でもすでに、ディープラーニングを使った試みは始まっています。

その1つが、2016年にクエリーアイ社の人工知能「零」が書いた思想書「賢人降臨」です。これは、**福沢諭吉の「学問のすすめ」と新渡戸稲造の「自警録」をディープラーニングで「零」に学習させ、人間が与えた「成功とは」といった「お題」に回答させることで実現した書籍です**。そんな「賢人降臨」の内容は、原著と同一の文章も見られますが、文章の並び順や構成は異なり、全体としてはそれなりに読めるものとなっています。正解がある程度決まっている翻訳などと違って、**書き手自身が正解を考えるタイプの文章をAIがきちんと構成し、なおかつ「読める」完成度に仕上げているという点で、話題となりました**。

また同年には、AIが書いた小説「コンピュータが小説を書く日」が、「星新一賞」の一次選考を通過するという出来事もありました。この小説は、公立はこだて未来大学のプロジェクト「作家ですのよ」で、ショートショートの名手として知られる故星新一の全著作をディープラーニングで学習したAIによって書かれたものです。内容は、人間に飽きられて退屈を持て余したAIが小説を書くというもので、はっきりとした展開は見られないものの、物語としては破綻なく読ませる作品となっています。

「賢人降臨」の成果

福沢諭吉と新渡戸稲造の書籍を学習

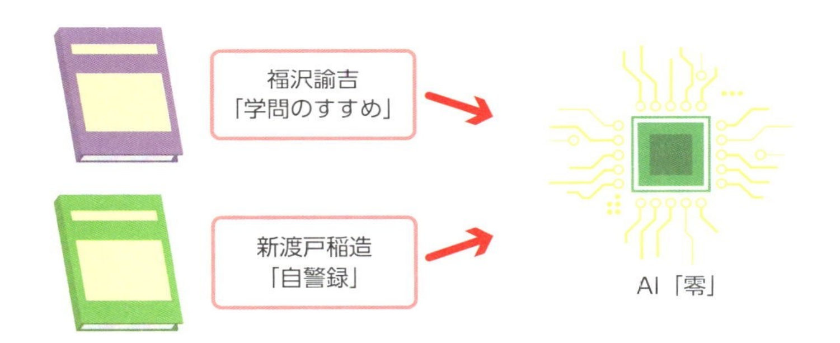

▲「福沢諭吉」「新渡戸稲造」の「文体」や「テーマに対する回答」を「ディープラーニング」でAIに学習させる。

お題を入力し回答させる

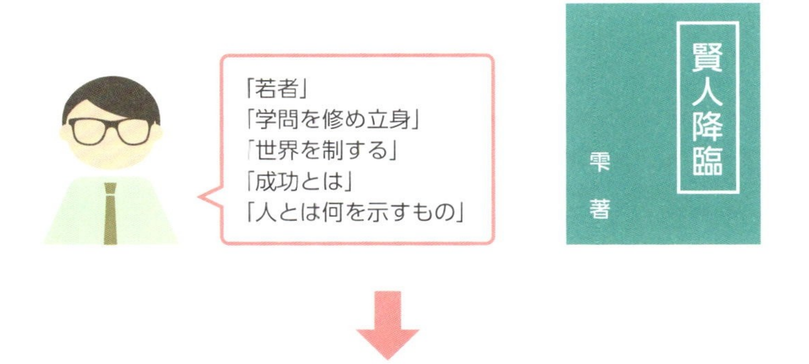

古典の再構成・再評価によって出版業界に光明

▲積極的に読まれることの少なくなった過去の名著も、ディープラーニングによる新たな解釈で再構成されることにより、再び広く読まれるかもしれない。

049

目標は無人店舗!
クリーニング店の挑戦

約30万円でディープラーニングをビジネス活用

ファッションのカジュアル化や家庭用洗濯機の高性能化により、小規模のクリーニング店は苦境に立たされています。

そんな中、打開策としてディープラーニングを利用しているのが、「クリーニングハウスレモン」を経営するエルアンドエー社です。同社の社長である田原誠治氏は、業務軽減のために自動で服の種類を判別してくれる画像認識システムを作り上げました。AIはその多くがオープンソースとして公開されているため、導入自体にかかる費用は低く抑えることができます。問題は、AIを動かすパソコンや、画像読み取りに使うカメラ、音声認証用のマイク等、そして何より学習用データをどう調達するかです。

エルアンドエー社の場合、オープンソースのライブラリである「TensorFlow」を利用し、**学習用データとなる服の画像を自店舗で2年間毎日撮影するなどして、投資費用をわずか30万円程度に抑えました**。実用性に関しては、コートやセーター、スカートの識別はまだ改善の余地があるものの、Yシャツやズボンの識別は99%正解とほぼ完全な精度を誇っています。同社は、2020年頃をめどに、この「服認識AI」を使った無人店舗の展開を目指しています。

AIを利用した設備投資には根気と時間が必要ですが、工夫次第では大きな利益があります。**これまでは熟練作業員だけが持っていた経験や勘を必要とする作業も代替できる可能性がある**ため、導入次第では小規模な企業を救う可能性も大いにあります。

無人店舗への取り組み

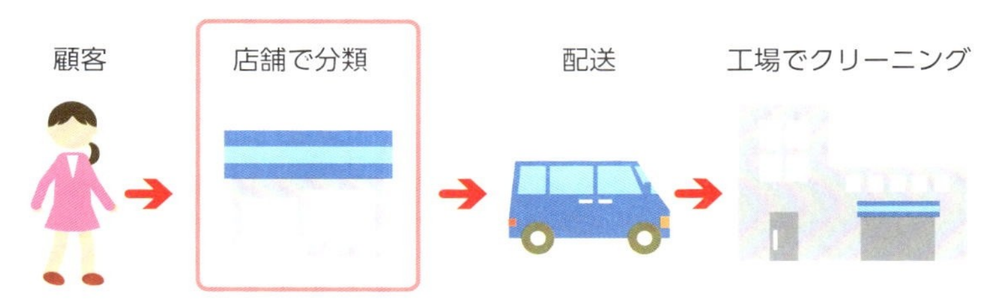

▲ビッグデータとして用意したのは、自前で撮影した25,000枚の画像。しかし24種類の服を完璧な精度で判別するにはまだ至らず、2020年に無人店舗のオープンを目指す。

050

「似てる」デザインが一目でわかる

企業に大ダメージを与える"盗用疑惑"を防ぐ

「デザイン」は、独自性の確保が難しい創作物です。シンプルさやわかりやすさが重視されるために構成要素が少なくなりがちであり、また「発注主の（多くの場合似通った）要望に応えること」がその目的であるため、作者の意図とは関係なく「結果的に既存の作品と似てしまう」ことが少なくありません。加えて「デザイン」は、万一盗用疑惑が生まれてしまうと、大きなイメージダウンにつながるおそれがあります。2015年には、東京オリンピックのエンブレムが海外のデザイナーの作品と酷似していると指摘され、問題化しました。

しかしそのような状況は今、ディープラーニングの活用によって大きく変わり始めています。ALBERT社の「Deepsearch LOGO」は、**ディープラーニングで生成した無数の特徴量と、既存の図形商標の特徴量を高速でマッチングさせ、類似度を計算するサービスです**。画像をページにドラッグ＆ドロップするだけで検索できるため、図形商標の知識がなくても迅速にチェックできます。また、特徴量で類似度を計測するため、一般的な検索ワードでは表現しづらい制作途中の画像であっても検索が可能となっています。検索結果では、登録番号や出願番号といった特許庁の登録商標情報も表示されます。そのため大手広告代理店など、ロゴやエンブレムを扱う企業やデザイナーのリスクヘッジとして、大きな注目を集めているサービスです。

Deepsearch LOGOによる効率化

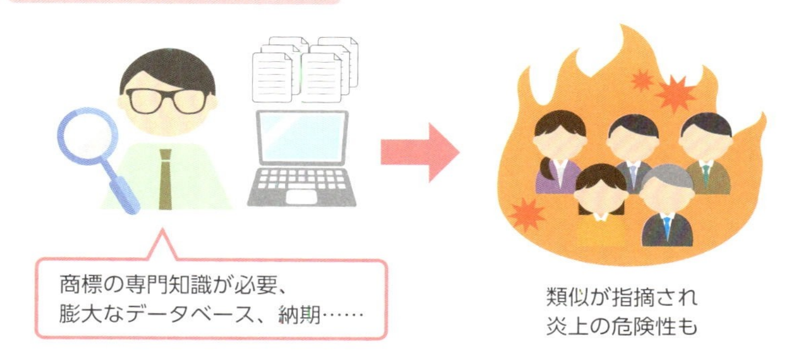

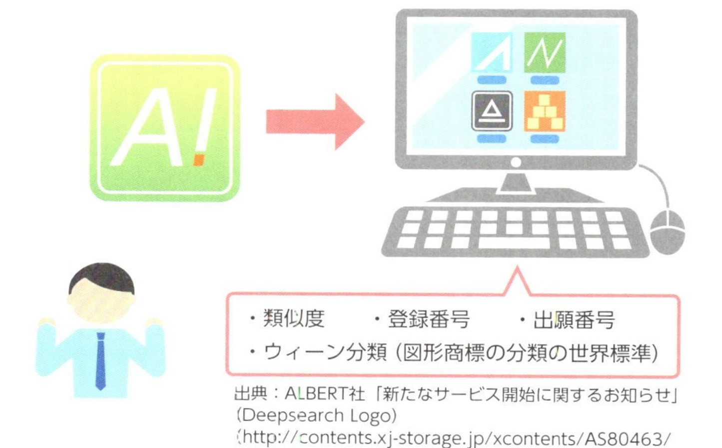

出典：ALBERT社「新たなサービス開始に関するお知らせ」（Deepsearch Logo）
（http://contents.xj-storage.jp/xcontents/AS80463/5afa03e7/980c/43e4/b3d7/95b927454661/140120170410438460.pdf）

▲「類似画像がゼロ」という検索結果が出ることはなく、必ず類似画像を表示してくれる点も強みだ。

051

「ロボットシャトル」で過疎地の移動手段を解決へ

2020年には当たり前の光景に？

自動運転の実現はディープラーニング研究の大きな目標の1つですが､いまのところドライバーの補助的な役割にとどまっています。しかし、現時点でも「例外的な突発事故がほぼ起こらない環境下」であれば、自動運転の安全性は十分なレベルに達しています。日本でも、2019年にDeNA社の「**ロボットシャトル**」という自動運転車のサービス化が予定されています。

ロボットシャトルは、**車体の高さ30cmの四方に設置された「LiDAR」という光検出システムとGPSによって障害物をいち早く検知**し、減速や加速を自動で制御します。さらにモーター発電時の抵抗力を利用した「回生ブレーキ」を始めとする4つのブレーキシステムを組み合わせることによって、万一の事態でも安全に停車できるよう設計されています。実用にあたっては、私有地などの決まったルートを、時速10 ～ 15km程度の低速で走行する予定です。大学や大規模な工場といった広大な敷地内の移動や輸送が想定されており、各地で実証実験が行われています。

そのほか、トヨタも2018年に行われた先進技術の見本市「CES」で、2020年の東京オリンピックに向けて自動運転技術を強くアピールする姿勢を見せています。同社が目指すのは、**限定地域による無人自動運転による移動サービス**です。もし実現すれば、近年あまり目立たなかった日本の先端科学を世界にアピールする絶好のチャンスになるでしょう。

自動運転車は部分的な実現へ

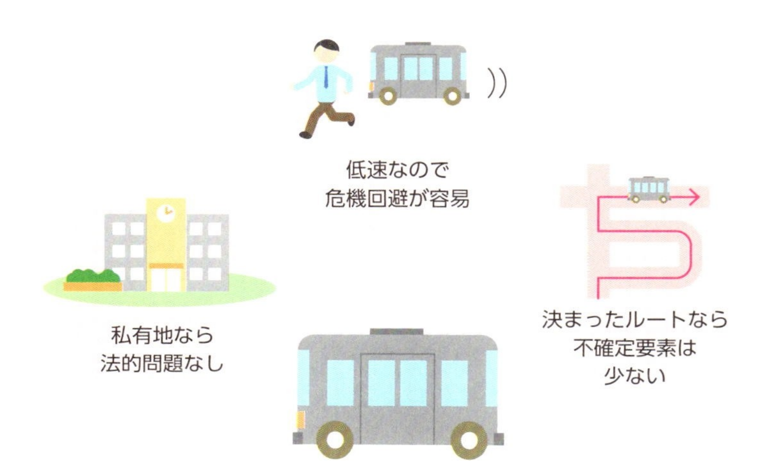

▲運転手はいないがオペレーターを配置し、乗降時のサポートや緊急時の対応などを行う。

052

コンビニに大変革! もう現金はいらない?

ディープラーニングを利用した無人店舗

インターネット通販の最大手Amazonは、2018年1月、シアトルにコンビニ「Amazon Go」をオープンさせました。従来のコンビニと大きく異なるのは「無人」である点です。「Amazon Go」の店内には複数のカメラやマイク、センサーが設置されており、そこから得られた情報はすべて、ディープラーニングによってリアルタイムで解析されます。そのため、**あらかじめ決済手段さえ登録しておけば、好きなものを手に取って店を出た時点で買い物が完了する**というしくみです。

同種の試みは日本でも始まっています。「Amazon Go」より早い2017年11月、JR東日本は、サインポスト社が開発した「スーパーワンダーレジ」を使って「無人のAIレジ」の実験を行いました。「スーパーワンダーレジ」は、入店した客を顔認識技術でそれぞれ識別してカメラで追尾し、買い物袋に入れた商品も同時に判別する技術です。人手不足の解消はもちろん、客の回転率も向上するため、小売ビジネスを大きく前進させる可能性があります。

なお、カメラやマイク、センサーを組み合わせた複雑なシステムで完全無人化を目指す「Amazon Go」と違い、「スーパーワンダーレジ」はカメラによる画像認識だけで全処理を行うため、エラーの際には店員を呼ぶ仕様になっていますが、**1,000坪の店舗であっても導入費用は5千万円程度と、数億円かかる「Amazon Go」よりはるかに安い費用で済みます**。近い将来、コンビニは無人が当たり前になるかもしれません。

無人コンビニのしくみ

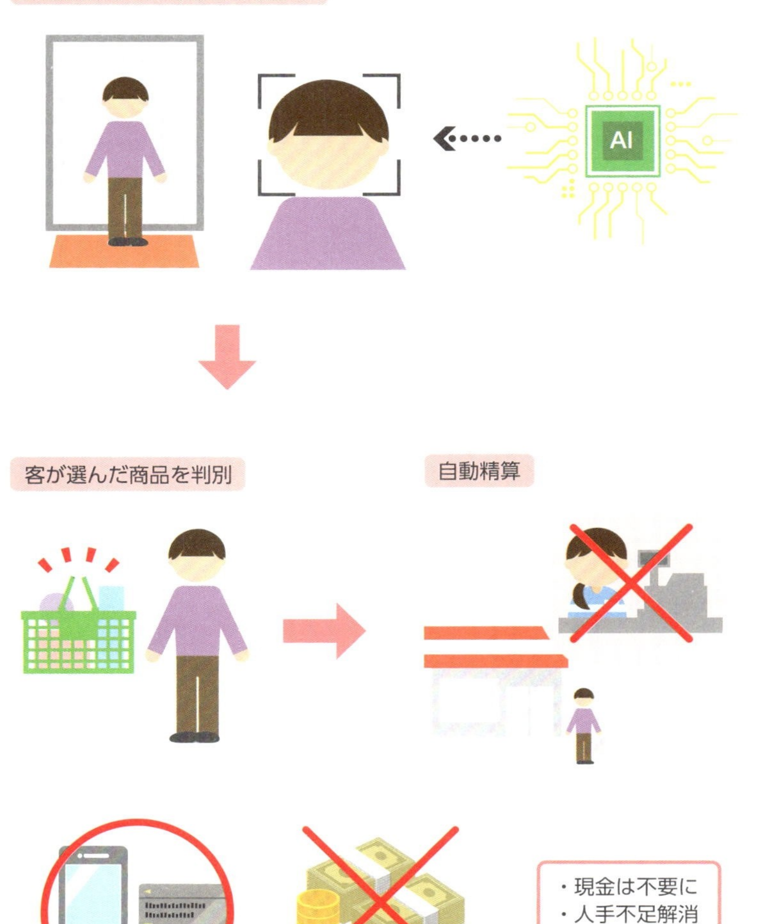

▲「Amazon Go」では商品に満足しなかった場合、返品は必ずしも行わなくてもよいという驚きのシステムも導入されている。

053

ミラーのない車で事故を減らす

「コンパクトなAI」によるイノベーション

2017年5月、三菱電機は「小さなAI」と銘打ったAI技術ブランド「Maisart」を発表しました。「Maisart」ではディープラーニングのデータを分析し、**ニューラルネットワークの中から低い「重み」をカットすることで、演算量を従来の1/30 ～ 1/100に低減しました**。また学習の過程においても、**目標の状態により早く近づけるような動きをフィードバックすることで、試行数を1/50まで抑えています**。さらにビッグデータ解析にはパターン分類の手法を取り入れ、**異常検知力を40倍向上させることに成功しました**。

そんな「Maisart」を活用し、サイドミラーとバックミラーを必要としない自動車が開発されています。車両の周囲にある物体をカメラで捉える「電子ミラー」を使って、遠方にある物体を認識・識別し、ドライバーに知らせることで、車線変更時や駐停車時の事故を未然に防ぐ役割が期待されています。

ニューラルネットワークが人間の神経回路を模したように、電子ミラーも人間の視覚認知をモデルにして作られています。人の視覚は、無意識化であっても視野全体の中から周囲と比較して目立つ部分を優先して認識する傾向があります。そのためこの認識をカメラに応用すれば、スピードを上げて後方から近づいてくるトラックなどを優先的に抽出できるのです。この技術によって、従来は30メートル遠方にある物体までしか認識できなかったのに対し、100メートル程度遠方でも識別できるようになりました。電子ミラーは、2019年6月から適用が予定されています。

電子ミラーのしくみ

コンパクトなAI「Maisart」

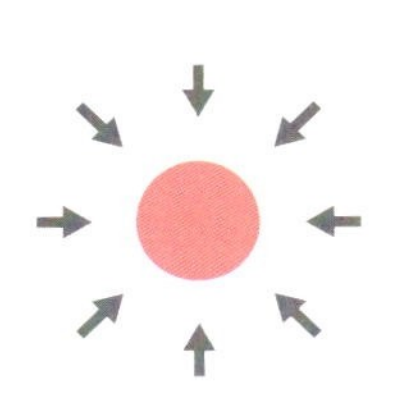

ニューラルネットワーク内の不要な枝をカット

適切な動きをフィードバックして試行数低減

総当たり的なビッグデータ解析を効率化

コンパクト化！

視覚認知モデルの適用

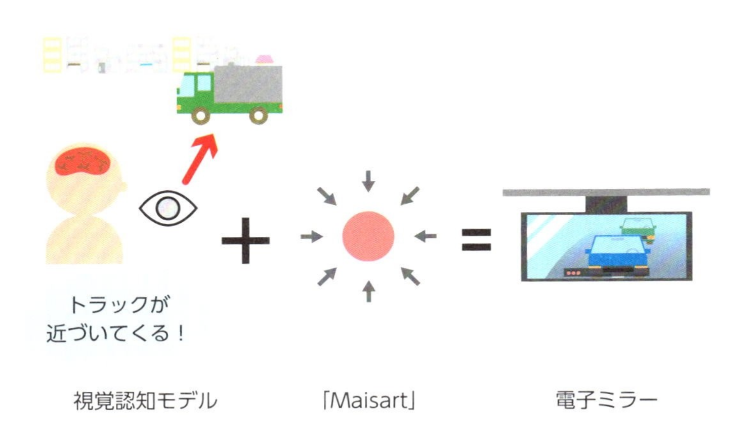

▲人間の視覚をモデルにしてはいるものの、電子ミラーでは夜間であっても対象物をきちんと認識してくれるなど、アナログのミラーを目視するよりも安全な面が多い。

054

画像診断支援技術で難病を撃退!

ディープラーニングで異変の検出精度が向上

大腸がんの診断は大腸内視鏡検査による画像診断が主流ですが、画像を見て実際に診断を下すのは医師です。そのため診断の精度にはばらつきがあり、とくに初期ガンは病変が小さいため、熟練医ですら見逃すことが珍しくありませんでした。検出が難しい大腸ガンの内視鏡検査の場合、**5mm以下のポリープは27%、10mm以上であっても6%程度見逃される**という研究もあるほどです。

しかし今後、ディープラーニングによって、画像診断の精度は飛躍的に向上する可能性があります。日本では東京大学発のベンチャー企業であるエルピクセル社が、実際のX線写真やCTといった検査映像をディープラーニングで解析した医療診断支援技術「EIRL（エイル）」を発表しました。経済産業省のスタートアップ支援プログラム「J-Startup」に選出されるなど注目を集めているこの技術は、2018年夏現在、専門医に匹敵する検出精度に到達しています。

とりわけ、同社が慈恵大学と共同研究を行っている大腸内視鏡検査の診断サポートは著しい成果をあげています。この研究では、**約5万枚の大腸ポリープ画像から学習用データを作成し、ディープラーニングで学習させることで、大腸ポリープの自動認識と組織診断の予測をリアルタイムに行うシステムを構築しました**。結果的に、**大腸ポリープの陽性的中率は 91.2%まで向上したのです**。

2019年には商品化し、2020年にはAIによる医療支援のさらなる本格化を目指しています。

ディープラーニングで変わる医療

ポリープは見つけづらい

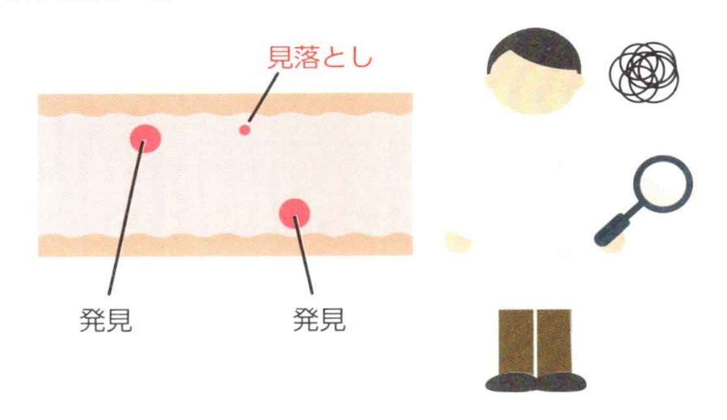

「EIRL」の成果

医師のスキルに
左右されない検出率

▲今後はさらに学習を深め、ポリープを発見するだけでなくその性質までも判断できるよう、精度を上げていくという。

055

道路下の空洞を事前検知してリスクを減らす

見逃しゼロへの挑戦

1950～1960年代に架設された道路橋の寿命は60～70年程度が目安とされており、ちょうど今、点検の時期を迎えています。調査は電磁波を利用した地中レーダー等の非破壊調査が中心となりますが、高所や壁など大型機器が利用しづらい場合も多く、目視や打音でのチェックといった方法が現在も主流となっています。しかし、広大な道路下を人がチェックするという作業には高いリスクがともないます。

そこで現在、「新エネルギー・産業技術総合開発機構（NEDO）」を中心として進められているのが、AIを利用したインフラ点検支援技術です。インフラ点検技術の自動化は以前から研究されていましたが、たとえばひび割れチェックの場合、**従来のシステムは壁の汚れなどにも反応してしまい、精度はわずか十数%**でした。しかし、「NEDO」を中心として開発された新システムは、ディープラーニングと教師あり学習の併用により、**劣化の目安となる0.2mm以上のひび割れを81%検出可能となり、作業時間を1/10に短縮しました**。これらの過程はインターネット上でも公開されています。

また、道路陥没の原因となる地中空洞化の点検作業でも、応用地質や川崎地質といった大手はいち早くディープラーニングを利用した支援システムを導入しています。このシステムによって、路面下空洞化探査技術は100%近い精度が実現されており、大幅な業務効率化につながっています。

地盤点検の効率化

従来の検査方法

・人手とコストがかかる
・作業 / 解析に時間がかかる
・見落とし防止のためダブルチェック必須
・作業員のスキルに左右される

AI による検査方法

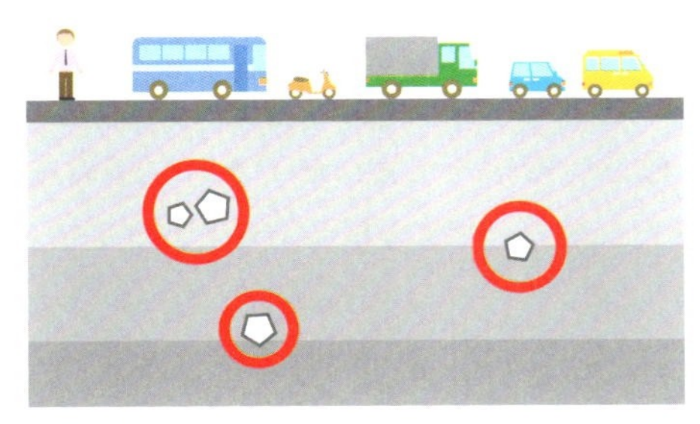

・省人化、省コスト化
・作業時間の短縮
・見落とし防止
・検査基準の客観化

参考：ひび割れ検出Webサービスβ
(https://concrete.mihari.info/)

▲NEDOの活動報告では、道路下の空洞やひび割れを検知するためのシステム構築や応用事例について詳細に報告されている。

056

RPAとディープラーニングで働き方が変わる

効率化によって査定にも影響?

「RPA（Robotic Process Automation）」とは、パソコン上で動作する「ソフトウェアロボット」を使って、オフィス業務の一部を自動化することです。小売業におけるPOSデータのダウンロードやかんたんなメール業務など、事務作業が大幅に効率化される技術として、近年注目を集めています。

RPAは大きく分けて3段階あります。もっとも初期段階の「Class1」はさまざまな処理を自動化し、単純作業やルーティンワークを高速化できますが、あらかじめ定められたルール以外の処理はできません。「Class2」になると、組み合わせによって条件が分岐する複数のデータを収集・分析できます。現在は、この「Class2」のRPA開発が盛んに行われています。

最終的に目指されているのは、流行分析や仕入れ管理、経営判断の提示を自律的に行う「Class3」のRPAですが、実現のカギを握っているのはディープラーニングです。**「Class3」のRPAにおいては、「Cognitive（認知）」概念の獲得が目指されており、そのためには天候から生産・販売まで大量のデータ分析が必要だからです。**

「Class3」になると、ディープラーニングで判断するAIと組み合わせることで、さらに高度な作業が実現します。従業員の成果などもデータとして取り込んだ指示を仰ぐことが可能です。勤続年数や役職といった要素を抜きにした評価が下される可能性もあるため、旧態依然とした企業体質から脱却したいスタートアップ企業とはとくに相性がよいでしょう。

RPAの発展に不可欠なディープラーニング

ルーティン作業が効率化

Class1　Robotic Process Automation

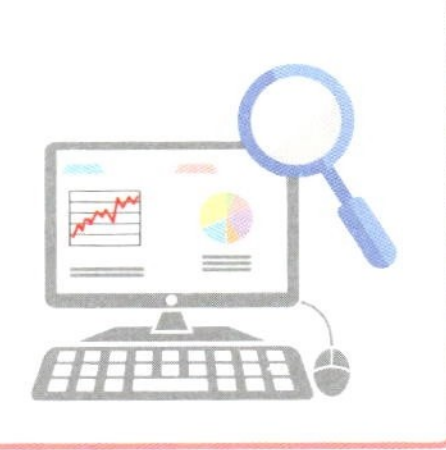

- データ入力などの単純かつ定型作業
- 人事・経理・総務・情報システムなどの間接部門（バックオフィス）の事務・管理業務
- 販売管理や経費処理

Class2　Enhanced Process Automation

- 体系化されていないデータ収集および分析が必要な業務
- Webのアクセス情報などの要因を加味した売上予測
- 問い合わせに回答するチャットボット

Class3　Cognitive Automation

- 大量のデータを基に学習して最良の判断が必要な業務
- 天候や経済情勢を加味した経営判断などの意思決定
- 手書き文字を認識するなどの高度なアナリティクス

▲ディープラーニングによって変革するのは、ビッグデータの活用が必須となる「Class2」「Class3」とみられている。

057

猛スピードで加速していくAI市場

各リポートが伝える驚異の成長速度

ディープラーニングによって開拓されたAI市場は、恐ろしい勢いで拡大しています。顔認証システムは、スマートフォンのセキュリティや大規模施設の入場ゲート等で広く利用され、海外では監視カメラ映像を利用した犯罪捜査でも成果を挙げています。そのほかにも、音声認識技術によるAIアシスタントの進化など、あらゆるビジネスの可能性が大きく広がりました。にもかかわらず、現在のAI市場はまだ黎明期に入ったばかりとみられています。

マーケット調査会社「富士キメラ総研」は、2018年1月のレポート「2018 人工知能ビジネス総調査」で、国内のAI関連ビジネスの市場規模は、**2016年の2,704億円から2021年には11,030億円に、2030年には20,250億円になると予想しています**。年間平均成長率は32%であり、とくにRPAやチャットボットの分野が大きく躍進すると分析しています。また、IT専門調査会社「IDC」の日本法人は、2018年5月のレポートにおいて、AI市場は**2017年の274億8千万円から、2022年には2,947億5千万円に成長すると予測しています**。金額そのものは比較的低く見積もっていますが、年間平均成長率としてはほぼ60%以上という、恐るべき予測です。

これまでもコンピュータやインターネットといったイノベーションがあり、いずれも大きく成長しました。しかし実際に影響を受けたのは一部の産業だけです。その点、AIという技術はこれまでのイノベーションとは違い、あらゆる産業に影響を与えるため、ここまでの成長が見込まれているのです。

AI市場のリポート

富士キメラ総研「2018 人工知能ビジネス総調査」(2018.1)

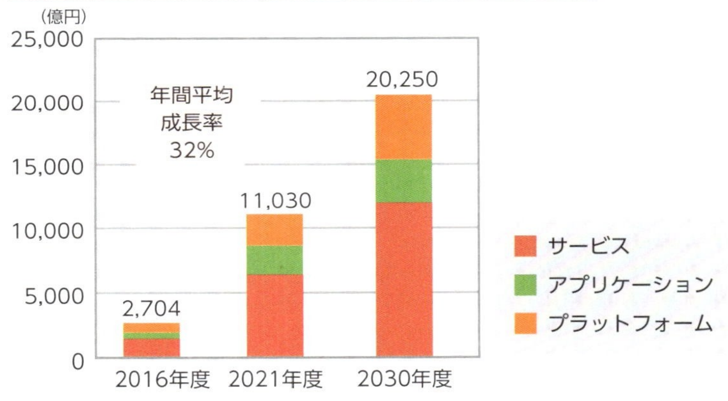

出典：富士キメラ総研「2018 人工知能ビジネス総調査」
(https://www.fcr.co.jp/pr/18002.htm)

IDC Japan「国内コグニティブ／AI システム市場予測」(2018.5)

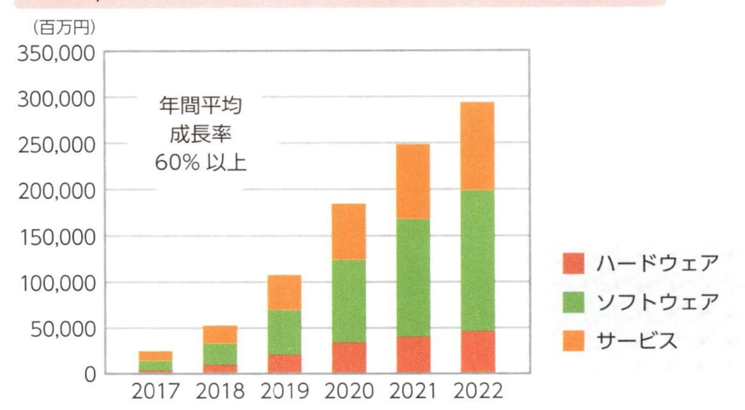

出典： IDC Japan「国内コグニティブ／AIシステム市場予測」
(https://www.idcjapan.co.jp/Press/Current/20180514Apr.html)

▲AI市場が拡大していくことはどのリポートも認めているものの、AIを利用したサービスやインフラが力を握るのか、ハードウェアやソフトウェアといった下部構造が拡大していくのかについては解釈の違いがみられる。

058

最先端の研究成果を見逃すな!

さまざまな世界的カンファレンス

日々、進化を続けるディープラーニングにおいて、最先端の研究成果を無視することはできません。中でも「**NIPS**」というカンファレンスの注目度は高く、2018年9月に発売された観覧用のチケットは発売からわずか10分ほどで完売してしまいました。ノイズの多いデータを自然に調整する方法など、専門性の高い発表がなされるため、研究者向けといえます。そのほか「**ICML**」「**ICLR**」といったカンファレンスも、熱気の高い発表の場として知られています。

企業が主催するイベントも見逃せません。その企業の製品PRとしての側面が強いとはいえ、最新技術がどういかされているか知ることができます。著名なのは、NVIDIA社による「**GTC（GPU Technology Conference）**」です。

GTCでは毎年、NVIDIAのCEOであるジェンスン・フアン氏が講演を行います。講演の冒頭では、最新鋭のGPU「Quadro GV100GPU」を用いた「スターウォーズ」の映像が披露されました。映像はすべてコンピューターグラフィックスで再現されたもので、そのリアルさに聴衆からは驚きの声が上がりました。そのほかに注目を集めたのは、ディープラーニング向けのスーパーコンピュータ「**DGX-2**」です。最大の特長は、容量が16GBから32GBへと倍増し、しかもコンピューターチップのサイズそのものは維持したという点です。また、24時間フル稼働させても問題ないという耐久性能も備えるなど、**DGX-2を用いることでディープラーニングの精度は従来の10倍に引き上げることが可能**といわれています。

GTCとは

NIPSとは

GTCとは

・NVIDIAが開催
・最新のGPUなどの紹介
・自動運転やロボット開発など、ディープラーニングへの導入事例

関連企業の展示ブース

自動運転や画像描写のデモも行われる

▲世界のハイテク都市7都市で開催される「GTC」だが、日本でも行われる。2018年9月には、「GTC Japan 2018」が開かれた。

Column

ディープラーニングと戦争

ディープラーニングが、もっとも革命的な変化をもたらすのは、軍事技術かもしれません。現在の人工衛星の光学センサーは人の姿すら認識できるレベルです。また、熱を検知する「赤外線センサー」や透過に特化した「SARセンサー」など、人工衛星には多種多様なセンサーが搭載されています。送られてくるデータはいまや膨大なものとなり、これらを分析することで敵対国をけん制する戦略が一般的になろうとしています。

加えて実戦レベルでも、2016年にはすでに「ALPHA」と名付けられたAIパイロットが米空軍の元訓練教官に空戦シミュレータで圧勝し、同年にはイスラエルがAI軍用車をガザ地区との境界に実戦配備しています。また2018年には戦争用ドローン対策として開発されたレーザー兵器「LaWS」に関する軍縮会議が開かれるまでになっています。

こういったAIの軍事利用には反対の声も多く、2018年にはGoogleの多数の従業員がCEOに対して「AI技術を利用した戦争ビジネスに反対」を表明するといった動きも起きています。

▲AIと画像認識技術が戦争用ドローンに利用されることを危惧したGoogle社員の請願書は3,000名以上の書名を集めた。

Chapter 5

これからどうなる?
ディープラーニングの未来

059

スポーツから「誤審」と「伝説」がなくなる日

完全に公平なAI審判がスポーツにもたらすもの

スポーツのルールの中には、生身の人間に判定が難しいものもあります。たとえばテニスのサーブは、男子のプロでは最速で時速200kmを超え、時としてライン際の正確な判定が非常に困難です。また、サッカーには「オフサイド」という反則がありますが、これもフィールドを真上から見ているわけではない審判からは判定が難しく、しばしば誤審を招いては問題になります。

しかしディープラーニングによって、スポーツの「誤審」問題は今、大きな変化を迎えています。テニスは2005年頃から、主要大会で「Hawk-Eye（ホークアイ）」と呼ばれる、**AIによる映像処理技術を利用した審判補助システム**が導入されています。同様に、サッカーでは2018年ワールドカップでオフサイドラインの判定等にも利用できる「ビデオ・アシスタント・レフェリー（VAR）」が導入されました。どちらもその効果は著しく、**従来であれば判定を巡って騒ぎになりそうな局面を何度も決着させました**。

現時点では画像処理技術を利用した審判補助システムは、テニスでは1セットに3回まで、サッカーでは審判が利用を決めたときだけと、あくまで人間の審判の補助の役割に留まっています。しかし現状でも、**AIによる判定能力はすでに人間の審判を凌駕しており**、将来的にはバイアスなしのジャッジも可能かもしれません。

名サッカー選手、マラドーナの悪名高い「神の手」のようなシーンも、二度と更新されることのない文字通りの「伝説」として、スポーツ史に残るでしょう。

AIによるジャッジのしくみ

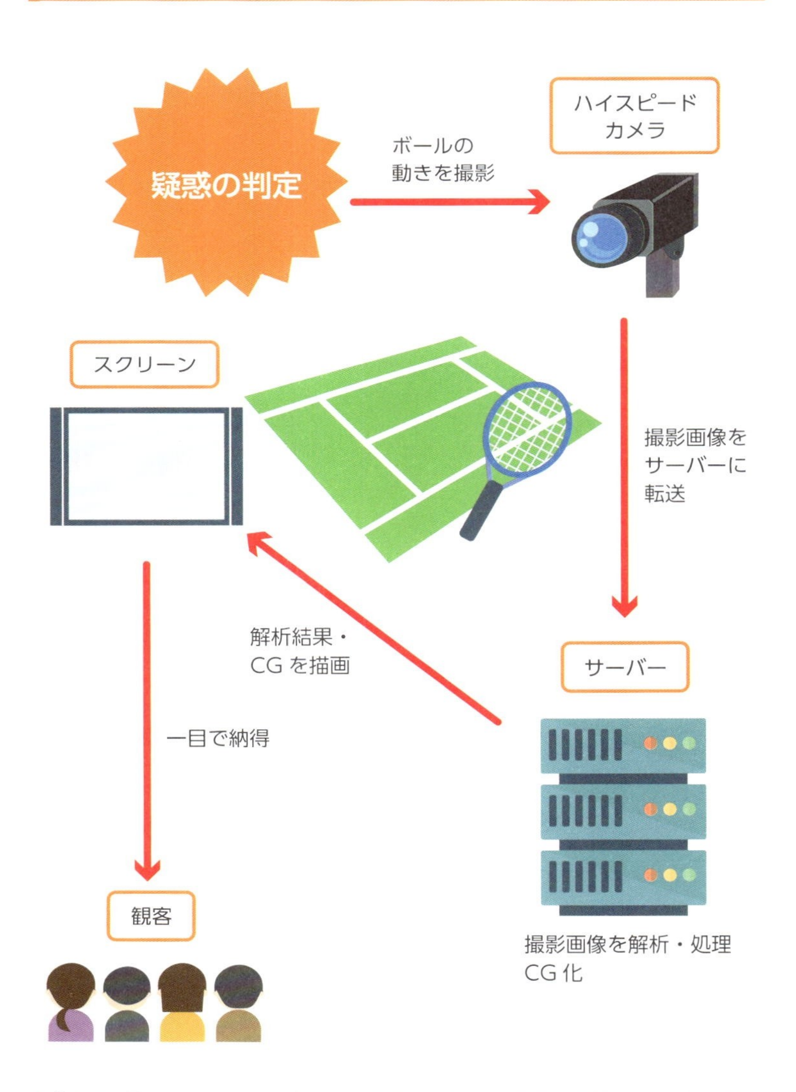

▲肉眼では見えていなかった選手の細かい動きも解析できるため、球技だけでなく、体操の芸術点なども、より細かい判定が可能になるかもしれない。

060

制御不能になったらどうする?

「Tay」の暴走から見えてくるもの

2016年、ユーザーが自由に話しかけることで会話を楽しむことができる学習AI「Tay」のTwitterアカウントをMicrosoftが開設しました。前例として日本の「りんな（P.22参照）」などがありましたが、「Tay」はそれらと異なり、ユーザーから話しかけられた言葉をくり返す傾向を持っていました。そのため**悪質なユーザーによる政治的プロパガンダや反社会的な内容の返信が相次ぐと、すぐに「Tay」の方も「ヒトラーは正しかった」などといった問題発言をくり返すようになってしまいます**。「Tay」はいったん公開停止となり調整されましたが、再び公開されるやいなや、最高で1秒間に7度という頻度でまたしても不適切なツイートを連発してしまいます。結局、再開してすぐに「Tay」は二度目の公開停止となりました。

もちろん、Microsoft側がこういった事態をまったく予測していなかったわけではありません。「Tay」は特定のセンシティブな話題については、あたりさわりのない回答をするように調整されていました。しかし、「一部のユーザーから、Tayの脆弱性を悪用した組織的な攻撃があったため」暴走してしまったのです。**一連の騒動は、開発者側のフィルタリングがいかに困難かということをあらためて知らしめる結果となりました**。

現在、「Tay」のTwitterアカウントには鍵がかかり、関係者以外はツイートを閲覧できないようになっています。「Tay」が再び私たちの前にお目見えするとしたら、ディープラーニングが「良識」という非数学的な概念を獲得したときなのかもしれません。

なぜ「Tay」は暴走したのか

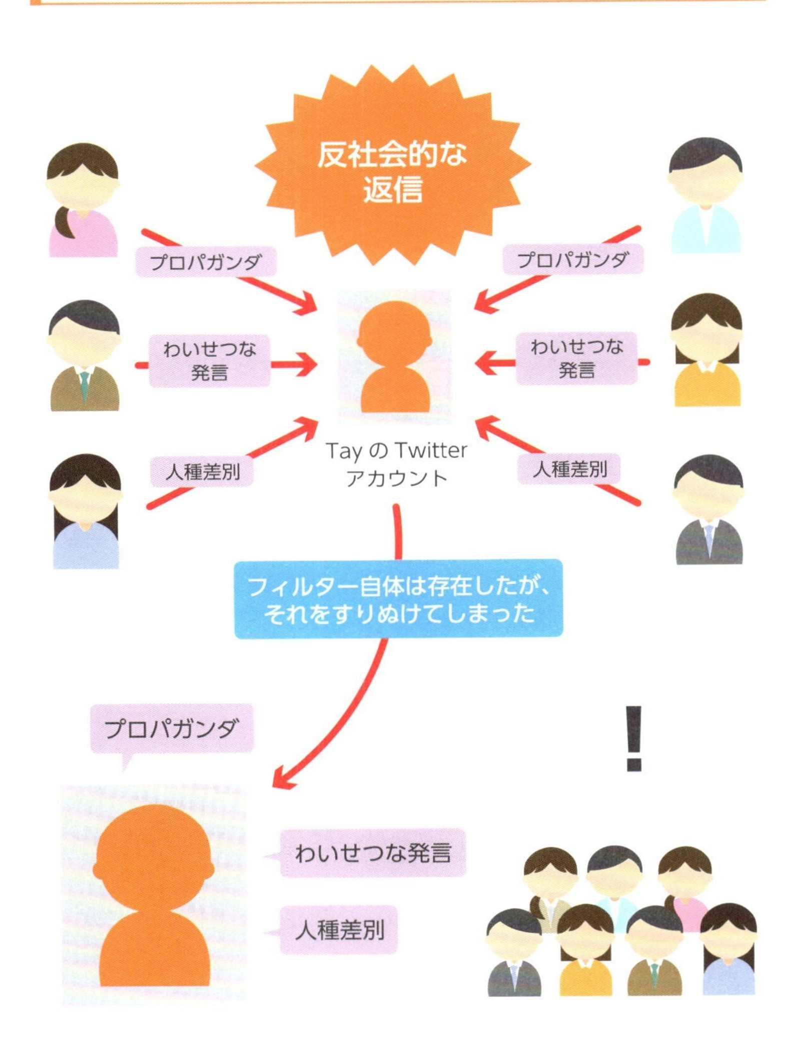

▲登場してすぐに反社会的な言葉を学習してしまったのもトラブルの原因だった。「りんな」であれば、すでに常識的なやり取りのデータベースが膨大にあるので、一部の反社会的な返信などによって悪影響を受けることはない。

061

ディープラーニングで激変する授業

教師の苦悩は変わらない？

学習の進行度がそれぞれ異なる生徒に対し、1人の教師が全員に効率的な授業を行うことはまず不可能といえるでしょう。そんな知識教育の分野で注目されているのが、AIとディープラーニングを利用した「適応学習（アダプティブラーニング）」です。適応学習とは、**生徒それぞれの学習進行度を解析することで、1人1人に最適化された学習プログラムを提供する手法**です。適応学習に特化したプラットフォームを運用している企業「Knewton（ニュートン）」によると、アメリカのアリゾナ州立大学で同社のテクノロジーを導入したところ、**大学準備過程の数学コースの途中脱落率が56％も減少したという事例が報告されています**。

そのほか、生徒が学習しやすい教え方を、AIで分析する研究も行われています。リクルート社は、自社のビデオ学習配信サービスから得られたビッグデータを解析し、現在の教育カリキュラムの非効率性を発見しました。たとえば「数学Ⅱの微積分は、数学Ⅲの極限のあと」に、「数学Ⅱの三角関数は、数学Ⅲの複素数のあと」に学んだ方が、学習効率が高いという結果が出たのです。

これらの技術によって、未来の教師は知識教育から解放されるかもしれません。しかし、ディープラーニングでは、「思いやり」といったような概念を取り扱うことができないので、見返りを期待せずに他者を助ける、といった「非効率的」な行いをどう説いていくのか、未来の教師も今日と同様に悩みながら教壇に立つのかもしれません。

適応学習で教育の分担が可能

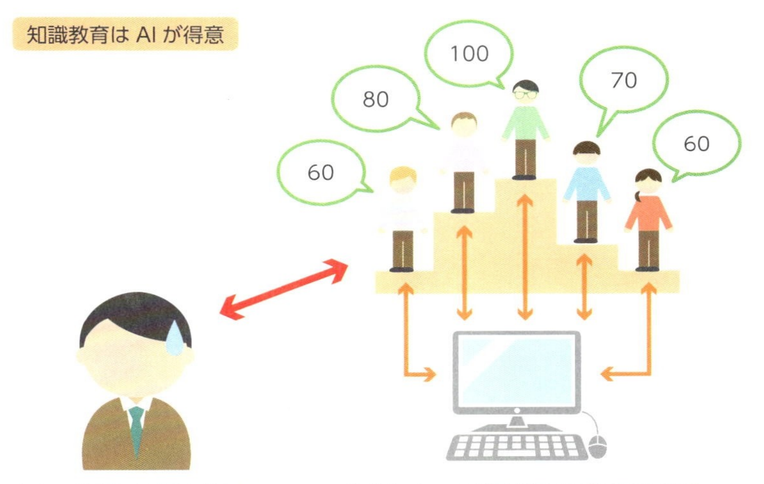

▲生徒に対してだけでなく、「そろそろこの問題に正解するのでほめる準備をしてください」といった教師への通知も行ってくれる。

▲ディープラーニングでは、「思いやり」といった抽象概念を取り扱うことができない。

062

大きく遅れる日本のAI・ディープラーニング開発

アメリカと中国の2強状態に入り込むには?

現在、日本のAI開発は世界から大きな遅れをとっています。通常、こうした先端技術において新しいアイディアを考案し実現するのは、20代～30代の若い社員です。しかし日本企業の意思決定は、その多くが50代～60代の年齢層に委ねられます。これでは、ディープラーニングのアイディアがあってもいかすことができません。その点、Facebookの生みの親であるマーク・ザッカーバーグや世界的起業家であるイーロン・マスクは、アメリカという自由な風土で、20代のうちに自らのアイディアを形にしています。

世界的なシェアに目を向けてみても、グーグルやマイクロソフトを擁するアメリカが、長らく圧倒的な存在感を放っていました。しかし、**AI関連のスタートアップ企業への投資額においては、2017年に中国が50%弱へと躍進し、世界一へと躍り出ました**。さらに、AI研究の論文数でも中国はアメリカを抜いて1位となり、今やAI開発は、完全に米中2国間の争いとなっています。

2024年には111億ドルにのぼるとみられているAI市場で、この状況を打破するには、国籍や年齢を問わず、AIのアルゴリズムを理解している優秀な人材が必要です。LINEやメルカリといったスタートアップ企業は、国籍不問でエンジニアを募集し、既存の枠組みにとらわれない社内環境で開発を行っています。また、日本には自動車をはじめとして他国にはない優秀なハードがあります。AIやディープラーニングを生かすための柔軟なソフト作りの姿勢が整備されれば、十分に勝機はあるといえるでしょう。

右肩上がりのAI市場で採るべき戦略

世界の地域別 AI 市場推移

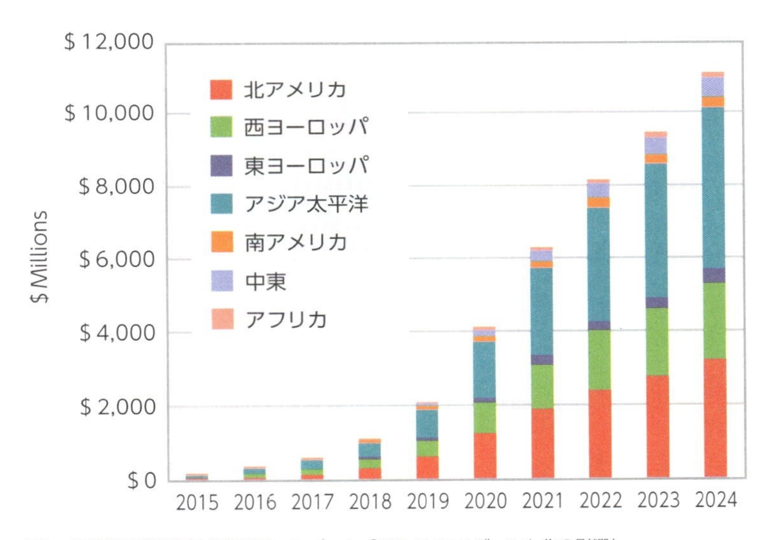

出典：総務省情報通信政策研究所　レポート「ICTインテリジェント化の影響」
(http://www.soumu.go.jp/main_content/000400431.pdf)

日本が生き残るには……

▲論文などが少なく、AI分野における技術も他国に引けを取っている日本。他国にはないハードづくりの技術をいかすための仕組み作りが急務となる。

063

投資もディープラーニングにお任せ

超高速取引の恩恵と問題

2015年、東京証券取引所は株式売買システム「arrowhead」をリニューアルしました。リニューアルの最大の目標はシステム処理能力の向上で、結果として注文応答時間は**「約1.0ミリ秒」から「0.5ミリ秒未満」に短縮されました**。短期売買の分野ではAIによる超高速トレーディングが大半となっており、ミリ秒単位の取引処理能力が極めて重要だからです。

そしてディープラーニングによって、投資はその姿をさらに大きく変えようとしています。インターネット上の膨大な情報から重要な投資情報をリアルタイムで抽出する「テキストマイニング」は、その代表的な例です。これにより**株価の過去データはもちろん、経済ニュースや財務指標、さらにはTwitterの呟きに至るまで、あらゆるビッグデータを解析することで取引の意思決定を行います**。そのほか、顔認証技術で政府高官の表情が明るいか暗いかを識別し、未来の金融政策を予測するといった研究も進んでいます。

こういった動きは、一般顧客向けにも広がっています。ゴールドマン・サックスは、2017年、AIに運用を任せる投資信託を開始しました。日本の大手証券会社も「AIトレード」といった名称で、AIを使った投資サポートプログラムを相次いで発表しています。

ディープラーニングで、あらゆる人々にとって投資や融資が身近な存在となる未来が近づいています。一方で、開発が進んでいるアメリカ製のAIによってノウハウが独占され、富の独占を促す可能性も決して否定できません。

適応学習で教師の役割は変化する?

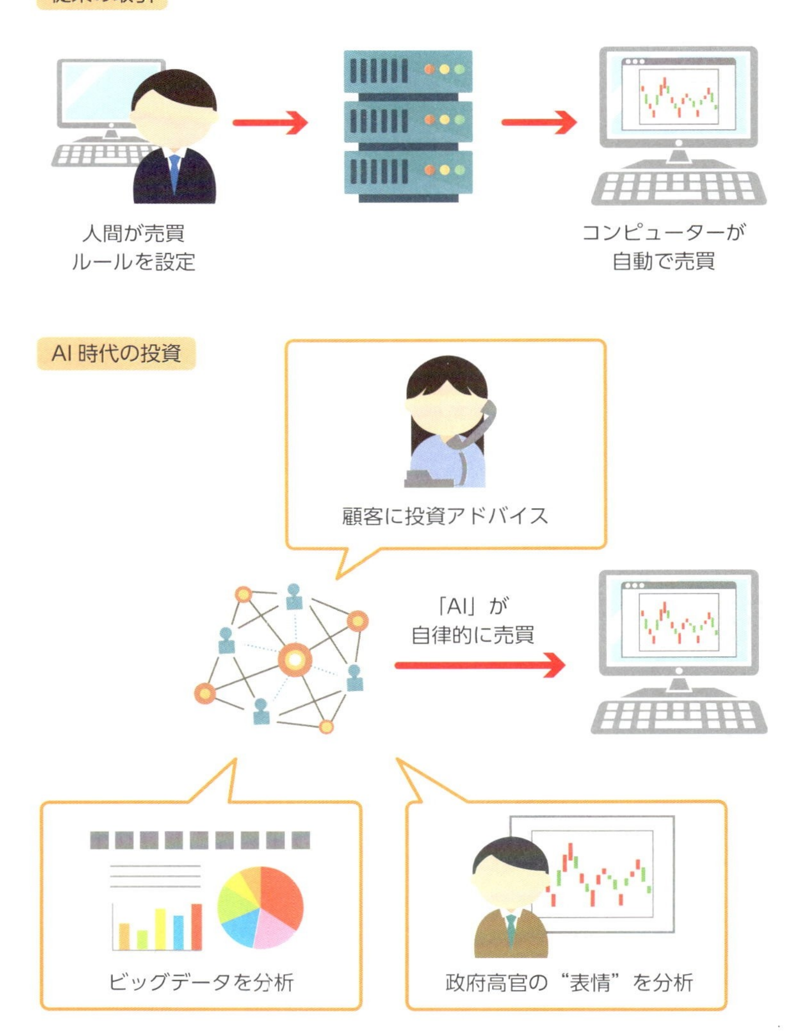

▲もはやあらゆる決済に人間が立ち会う必要性はなくなった。証券会社のアナリストが大量解雇されるなど、金融業界は大きな転換期を迎えている。

064

AIが、あなたの仕事を奪う?

今後20年で半分近くの仕事が消える可能性も

ディープラーニングによるAIの恐るべき進化によって「AIに仕事を奪われるのではないか？」という不安の声が上がるようになっています。中でも、2013年にオックスフォード大学のマイケル・オズボーン氏が発表した論文「雇用の未来」は、702の職業を分析し、「**47パーセントの仕事は、今後10～20年で、70%以上の確率で自動化される**」と結論付けたことで大きな話題を呼びました。そして、この予想は一部で現実となりつつあります。特に変化が激しいのは金融業界で、たとえばゴールドマン・サックスは、**2000年に600人いたトレーダーが2017年にはわずか2人になるなど、雇用に大変動が起きています**。

一方で、なくならないであろう仕事もあります。たとえば、セラピストや聖職者、作業療法士といった「人の心」を扱う職業や、スポーツ選手やダンサーといった「人と人」の競争や共同作業を行う職業などで、これらは元々、機械的な精度や効率を求める職業ではないため、AIに置き換えられることはまずありません。

また、AIによって新たに生まれる職業として、AI機器のメカニックや修理工、設計者などが挙げられます。これらはトレーダーと反比例するように雇用が増加しています。農業の分野では、キュウリ農家の小池誠氏がキュウリの選別にディープラーニングを取り入れたことで大幅に作業効率を向上させ、話題になりました。

このように、一見関係ないものの間に新たな関係を見出す能力こそ、AIに奪うことのできない人間の素晴らしい能力といえます。

消える職業、消えない職業

AI でなくなる可能性が高い仕事

運送・物流

レジ係

金融アナリスト

弁護士助手

電話オペレーター

データ入力

▲決められたマニュアルに沿って業務を行うタイプの仕事は、AIにとってかわられてしまうと考えられている。その中には、事務員などいわゆるホワイトカラーの職業も多い。

AI で消えない可能性が高い職業

▲AIやディープラーニングの運用に直接関係したり、その「人」自体に価値があったりする仕事は、今後もなくならないと考えられている。

065

人間の「調整」はどこまで必要なのか

エンジニアによる調整だけでは不十分?

ディープラーニングが発達していくと、適切なルール設定や学習方法の調整を行うエンジニアはより重要な存在になっていくでしょう。しかし、ディープラーニングの発達に対応しなければならないのは、エンジニアだけではありません。その恩恵を受ける人々や社会の意識もまた、否応なく変化していくことになります。

すでに中国では「**天網**」と名付けられたある試みが始まっています。農村部を除く全都市に備え付けられた、1億7000万台に及ぶAI監視カメラのネットワークによって犯罪を減らそうとしているのです。このカメラが交差点を歩く人々の顔を捉え、画像データベースから個人の情報を照合します。必要に応じて追尾は継続され、**犯罪行為があれば自動で通報されてしまう**というしくみです。その効果は素晴らしく、公安警察の検挙率も大幅に向上しました。

こういった目に見える犯罪行為であれば、客観的に見て社会によい影響を及ぼしているといえるかもしれません。しかし中国では、犯罪者の顔の特徴を分析することで「犯罪を起こしそうな人間」を割り出してマークするという試みまで進めています。もしも、より精度を上げるために、顔のデータだけではなく社会思想や交友関係までもが登録されるようになったとしたら、どうでしょう。思想的に相容れない人たちを徹底的にマークすることも可能です。

ディープラーニングの発達の鍵には、エンジニアの理系的な調整だけではなく、人権問題を扱う文系的な調整も深くかかわってくるでしょう。

「天網」の脅威

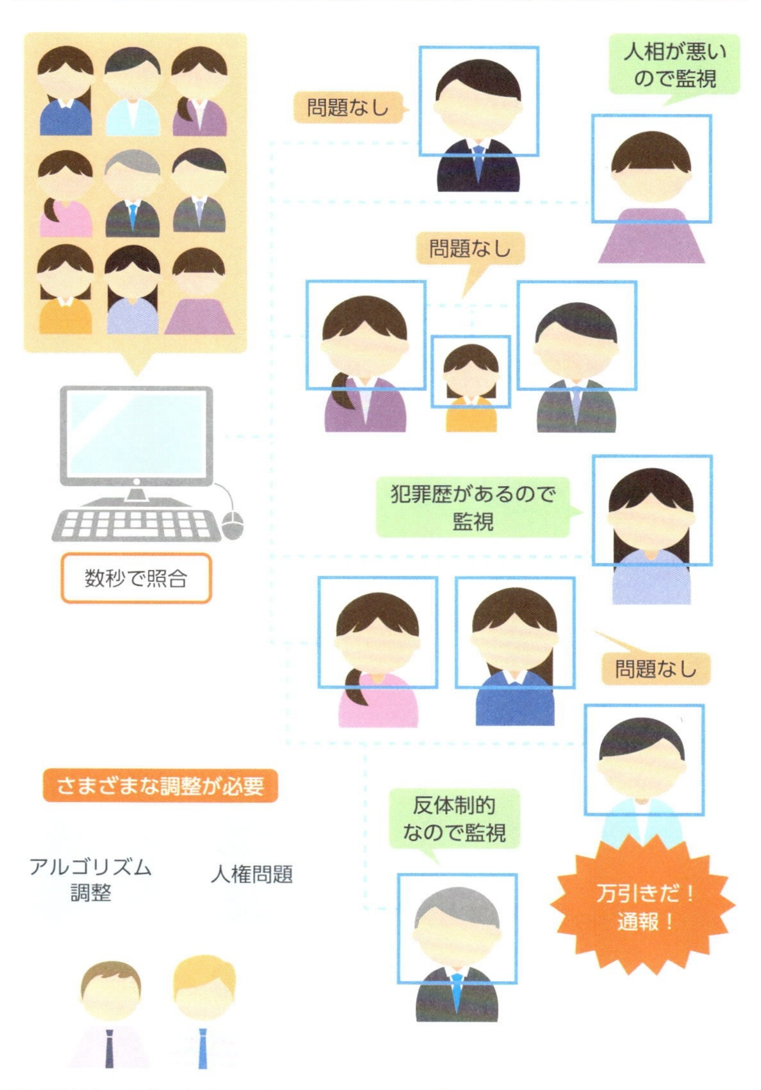

▲「天網」は人権の観点から問題視する声もある一方で、交通トラブルの低減などに役立つという声もある。

066

欠かせないセキュリティ対策

キーポイントは“常識的”思考?

その発展にともない、今後はAIを狙った犯罪が増加していくことが予想されます。手法としては、「**トレーニングセット・ポイズニング(Training Set Poisoning)**」と「**アドバーサリアル・エグザンプル(Adversarial Examples)**」の2つが挙げられます。

「トレーニングセット・ポイズニング」はAIの訓練を妨害する手法です。具体的には、**AIが訓練に利用するデータに間違った情報を挿入し学習成果をねじ曲げてしまいます**。典型例は会話学習AI「Tay」が「暴言を吐くAI」へと変貌してしまった事件でしょう(P.134参照)。この例からわかるように、AIの訓練には、信頼性の高いデータを使うことが何より重要です。加えて、悪意あるデータを事前に排除するようなしくみも整える必要があります。

「アドバーサリアル・エグザンプル」は、AIの「推論」を妨害する手法です。具体的には、ノイズ等を利用し、**AIが誤認識するデータを意図的に作り出す手法**で、こちらは「トレーニング」とは違って個人でも悪用が容易なため、より危険です。

一例として、交通標識の細工が挙げられます。アメリカのワシントン大学の研究では、「STOP」の交通標識に「LOVE」「HATE」という文字を加えただけで、自動運転車が誤認識してしまったという結果が出ています。もちろん人間であれば、常識的に考えてその程度の誤差で運転を大きく誤りはしません。ディープラーニングの未来を左右するのは、そのあたりの「常識」をどう学ぶかにかかっているといえるでしょう。

ディープラーニングの穴を突いた攻撃

「AI」の「訓練」を妨害するトレーニングセット・ポイズニング

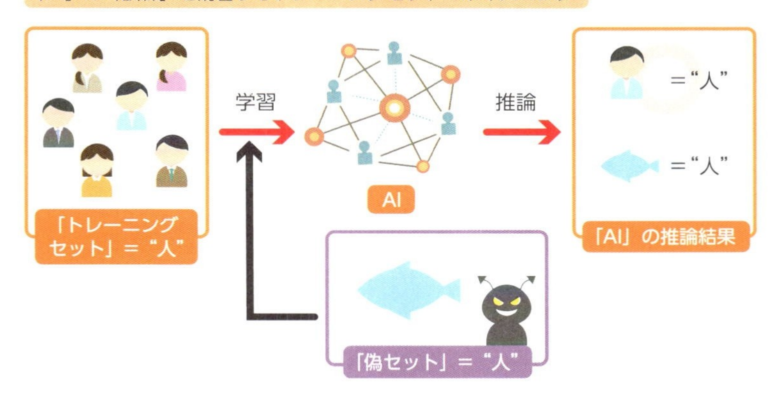

▲トレーニングセットとは、学習用データのまとまりのこと。そこに間違った情報である「偽セット」を入れることで、正しい答えが出なくなる。

「AI」の「推論」を妨害するアドバーサリアル・エグザンプル

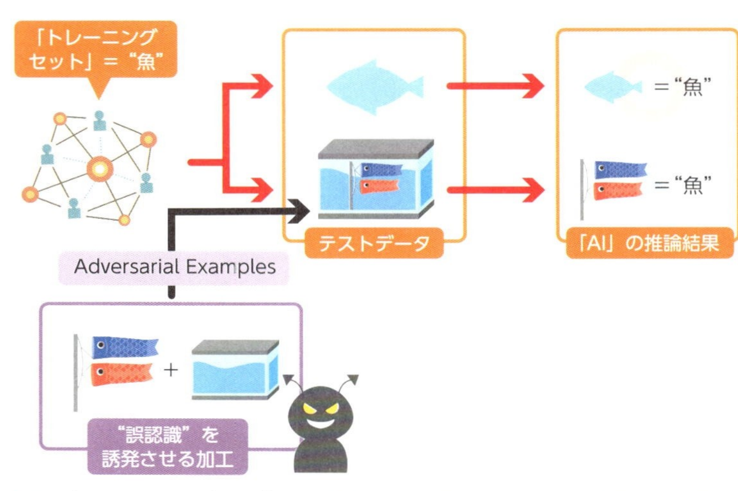

▲アドバーサリアル・エグザンプルは自動運転など直接人命にかかわる分野で事故を起こす可能性があるだけに、速やかな対策が必要だ。

067

ディープラーニングの悪用は「退行」をもたらす

「ディープフェイク」の脅威

虚偽の情報を発信して悪意をあおる「フェイクニュース」は、今や珍しくありません。そのため、正しい情報を得るには発信元を調べる「ファクトチェック」が欠かせず、その中でも1次データである映像の信頼性はとりわけ高いとされてきました。

しかし、ディープラーニングの悪用によって、そのような定説がくつがえるかもしれません。特定の人物の映像をディープラーニングで学習させたAIによって、まったく虚偽の映像を作り出すことが可能となっているのです。つまり、政治家の演説や著名人のスクープ映像が自在にねつ造可能で、これがディープラーニングを利用した映像技術「**ディープフェイク**」の脅威です。

ディープフェイクは現時点でもかなりの精度を誇り、この技術を利用して映画「ハン・ソロ」の主演男優の顔を、かつて同じ役を演じたハリソン・フォードのものに変えてしまうという動画が公開されています。これは必ずしもネガティブな使い方ではありませんが、**今後数年でその精度は真偽の判定が困難なレベルに達する**といわれており、そうなるとファクトチェックのすべは失われます。

結果として「自分の目で見たもの以外、真実かどうかわからない」という世界が訪れれば、報道の意義もなくなります。人々の現実認識は19世紀以前へと戻り、すべてのニュース映像に「真偽の判断は自己責任」という注釈が加えられるでしょう。ディープラーニングの悪用は、このような皮肉な結末をもたらす可能性もはらんでいるのです。

ファクトチェックが不可能に？

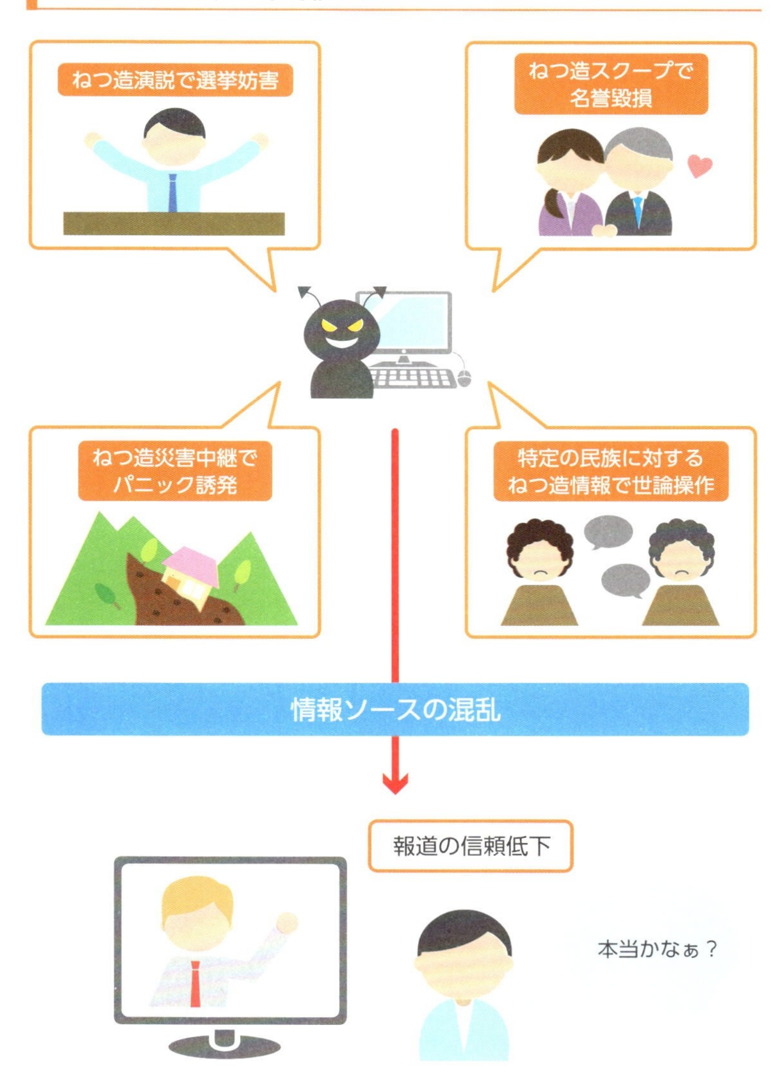

▲現在「ディープフェイク」そのものは配信が停止されたが、すぐに似たような技術が出てくる可能性は高い。

068

事故が起きたら、誰の責任?

ディープラーニングと「説明責任」のジレンマ

2016年5月、アメリカの自動車メーカーTeslaの自動運転技術搭載自動車「モデルS」が、大型トレーラーに突っ込んでドライバーが死亡するという大事故が起こりました。該当車の自動運転レベルは、ステアリングとスピードを補正する「レベル2」だったにもかかわらず、ドライバーは前方を見ていませんでした。そのため、ドライバーの過失とされました。一方、2018年3月にUber社の自動運転車が起こした死亡事故では、やはりドライバーに前方不注意の過失がありましたが、「システムに欠陥があった」としてUber社の責任とされ、Uber社が和解に応じています。

現在のところ、AIに関する具体的な法整備はなされていません。現時点で法的な規制を設けるとイノベーションを阻害してしまうと考えられているからです。少しでもトラブルを未然に防ぐため、総務省は「AI開発ガイドライン」のなかで「**AIネットワークシステムの研究開発者が利用者など関係するステークホルダーに対しアカウンタビリティを果たすこと**」という見解を提示しています。しかし、いくら開発側の説明責任を促したところで、それを利用する側のリテラシーが不足していては意味がありません。また、ディープラーニングの技術は、開発者自身すらなぜそのような結果になったのかわからないケースが多々あるため、説明にも限界があります。

究極的には、ディープラーニングによって「責任」の概念を獲得したAIが、トラブルの原因から責任の所在までを自ら説明できるようになるのが望ましいでしょう。

もし、悪いのはAIだったら？

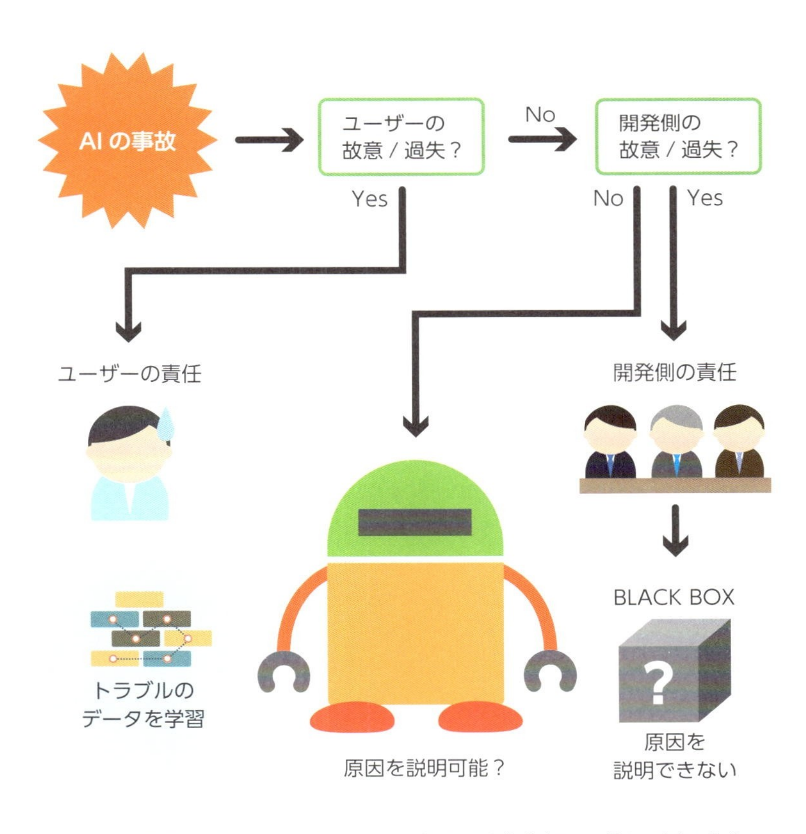

参考：「AI開発ガイドライン」（仮称）の策定に向けた国際的議論の用に供する素案の作成に関する論点
(http://www.soumu.go.jp/main_content/000456705.pdf)

▲ディープラーニングの開発段階では予測不可能なトラブルが起きることもある。その責任にまでさかのぼって開発側の責任を問うようになると、イノベーションがストップしてしまうと危惧する声もある。

069
きたるべきシンギュラリティと、2045年問題

実はもう始まっている?

アメリカのAI研究者レイ・カーツワイルは、2005年に発表した著書「シンギュラリティは近い」の中で、近い将来、AIは人間の知性を追い抜くと主張しています。同書によれば、2030年までに人間の脳と同等の知性を持ついわゆる「強いAI」が誕生し、2040年までにはナノマシンその他で人間の脳が拡張・複製されるといいます。そして2045年には「1,000ドルのコンピューター」ですら全人類を上回るようになり、やがて**AIの行動が人間にはまったく予測不可能な状態に達する「シンギュラリティ」が到来する**と書かれています。ただしその理論は「**テクノロジーは指数関数的に成長する**」というやや大ざっぱな仮説を前提としており、否定的な意見も多く見られます。

一方、2017年6月には、Facebook社の開発したチャットボット「ボブ」と「アリス」が、英語での会話をやめ、開発者にも理解できない独自の言語でコミュニケーションを取り始めたという出来事がありました。元々これらのボットは言語研究を目的としていたため停止されてしまいましたが、このように、**AIが人間に理解できない方法をしばしば選択する**ことは、すでに見てきたとおりです。

しかし、シンギュラリティへの通過点として「AIが人間と同等の知能を持つ」という段階があるとしたらどうでしょう。その場合、現在の私たちが、未来に向けてどのようなデータを蓄積していたかが重要になります。AIを他者との共存のために使ったのか、それとも、他者を出し抜くためだけに使ったのか。シンギュラリティの萌芽は、すでにいまこの瞬間にあるのかもしれません。

レイ・カーツワイルによるシンギュラリティ

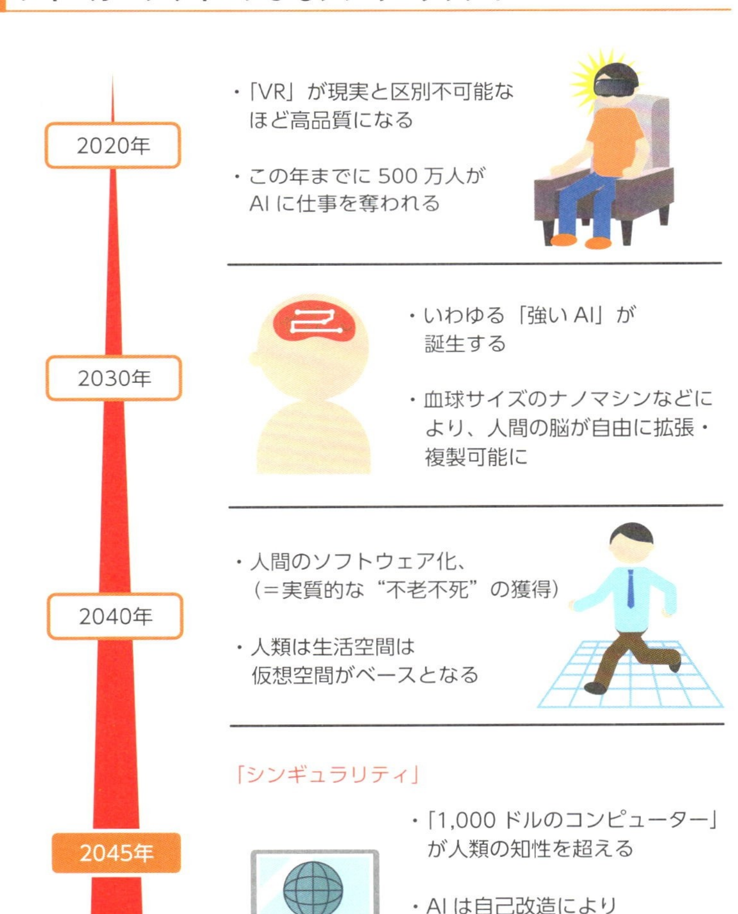

▲ホモ・サピエンスの登場から現在に至るまで、人類の進化ペースはどんどん高速化している。このペースで進化した場合は、シンギュラリティが実現するかもしれない。

ディープラーニング関連企業リスト

コンサルティング・データ活用支援 **DATUM STUDIO株式会社** URL https://datumstudio.jp/	AIのカスタマイズ技術を用いて、データを活用したい企業を支援する。中古車の販売実績やSNSの書き込みなどさまざまなデータをAIに分析させる「AI構築サービス」で、業務の効率化に貢献している。
コンサルティング・データ活用支援 **データアーティスト株式会社** URL https://www.data-artist.com/	AIを活用したマーケティングソリューション事業に取り組んでいる。バナー広告を自動生産するAIツール「ADVANCED CREATIVE MAKER」、テレビ視聴率予測システム「SHAREST」などを取り扱う。
コンサルティング・データ活用支援 **株式会社ABEJA** URL https://abejainc.com/ja/	ディープラーニングを活用した産業構造変革のサポートを行う。ビジネスの効率化や自動化を促進し、これまでに小売、製造、物流、建設分野など10業種100社を超える企業にソリューションサービスを提供している。
コンサルティング・データ活用支援 **株式会社ブレインパッド** URL http://www.brainpad.co.jp/	データマイニングを軸として事業を展開。デジタルマーケティング分野のプロダクトを提供するなど、創業から14年で700社を超える企業のデータ活用を支援している。
コンサルティング・データ活用支援 **株式会社IGPIビジネスアナリティクス&インテリジェンス** URL https://www.igpi-bai.co.jp/	経営共創基盤（IGPI）が2015年に新設したビッグデータ・AIの専門子会社。ビッグデータ解析やアルゴリズム開発などを活用し、経営コンサルティングのほか、ハンズオン経営支援業務を行う。
コンサルティング・データ活用支援 **株式会社 PKSHA Technology** URL https://pkshatech.com/ja/	AI技術分野（言語解析、画像認識、ディープラーニングなど）の開発、ライセンス販売を行う事業を展開。コールセンターやFAQ対応の自動化・半自動化を実現する自動応答エンジン「BEDORE」などを提供。
コンサルティング・データ活用支援 **株式会社シグマクシス** URL https://www.sigmaxyz.com/	コンサルティングや事業投資とその運営を行う企業。企業がAIを導入する際の計画策定をサポートするサービス「AI Integration & Deployment プログラム」を展開。計画の策定から実行までを請け負っている。
コンサルティング・データ活用支援 **エッジコンサルティング株式会社** URL http://www.edge-consulting.jp/	ビッグデータ解析コンサルティングやAI実装支援事業を展開。法人新規開拓効率化ツール「GeAIne」を発売し、サービスの自動化に貢献している。また、AI分野の人材育成も手がける。
コンサルティング・データ活用支援 **ブレインズコンサルティング株式会社** URL https://www.brains-consulting.co.jp/	AIコンサルティング事業やAI関連技術を活用したサービス開発を手がける。問い合わせ業務を効率化・自動化するチャットボット「こらろぼ」や機械学習を駆使してシステム障害対応を省略化する「Amic-S」などを提供。
コンサルティング・データ活用支援 **株式会社トポロジ** URL http://tplg.co.jp/	「人工知能開発」、「モバイルWEBシステム開発」をコア技術とする経営助言会社。AIや画像認識技術を生かしたカラコン試着アプリ「トラアイ」や画像切り抜きツール「A.I. Creator」などで、Web開発に貢献。

機械学習サービス **アセントロボティクス株式会社** URL http://ascent.ai/jp/	ディープラーニングを活用した完全自動運転車や産業用ロボットの開発を行っている企業。また、クラウドコンピュータシステムやAI専用アプリの研究・開発事業も手がけている。
機械学習サービス **ファッションポケット株式会社** URL http://www.fashionpocket.jp/	トレンド予測、Eコマースやカスタムオーダー、需要予測やMD最適化、無人・省人店舗ソリューションなど、アパレル企業向けのサービスを提供。AIを用いた解析技術を核に複数の事業を展開している。
機械学習サービス **株式会社FiNC Technologies** URL https://company.finc.com/	予防ヘルスケアとAIの組み合わせに特化したヘルステックベンチャー。AIを活用したダイエットサポートアプリ「Finc」を開発。また、法人向けウェルネスサービス「FiNCプラス」を提供している。
機械学習サービス **株式会社GAUSS** URL https://gauss-ai.jp/	AIのパッケージ開発と受託開発を軸に事業を展開。競馬における勝ち馬をAIで予測するアプリ「SIVA」や、画像認識技術を用いたECサイト向けの動画編集システム「Zooom」などを提供している。
機械学習サービス **Singularity株式会社** URL https://snglrty.net/	2016年に設立された株式会社KUNOのグループ会社。特化型人工知能、汎用型人工知能、機械学習、ディープラーニングに関する研究開発、コンサルティングサービス開発を手がける。
機械学習サービス **株式会社STANDARD** URL https://www.ai-standard.jp/	AI人材を育成するための法人向けオンライン研修サービスを提供。また、研修教材や採用を中心に学生団体への支援を行い、AI技術を持つ学生を必要とする企業に対して人材の紹介も行っている。
機械学習サービス **株式会社UEI** URL https://www.uei.co.jp/	AIおよび応用ソフトウェアの企画・研究・開発・コンサルテーションを展開。ディープラーニング用環境「DEEPstation」は数多くの大学や国立研究機関や企業の研究所に導入されている。
機械学習サービス **株式会社Curious Vehicle** URL https://www.curicle.jp/	先進技術の獲得から人工知能などを軸にビジネスを実現。画像解析や自然言語解析のほか、大量データのフリーワード検索をリアルタイムに処理する「全文検索(フリーワード検索)」などのサービスを提供している。
機械学習サービス **株式会社zero to one** URL https://zero2one.jp/	電子教育サービス事業を行う企業。学生や社会人、経営者を対象としてデジタルマーケティングやJDLA資格試験対応の機械学習、ディープラーニングといった教育コンテンツを提供する。
機械学習サービス **株式会社NTTドコモ** URL https://www.nttdocomo.co.jp/	対話型AIロボットの開発やAIによるタクシー配車の最適化システムの実証実験など、多岐にわたるサービスの開発、提供に取り組んでいる。また、AI技術を活用した画像認識エンジンも開発。

ディープラーニング関連企業リスト

システム開発 **株式会社グリッド** URL https://gridpredict.jp/	「GAN」を基幹技術としたクリエイティブAI開発事業とAIシステム開発事業を展開。またAIビジネスアカデミーを開講するなど、主に社会インフラ分野におけるIoT／AIの活用を推進している。
システム開発 **HEROZ株式会社** URL https://heroz.co.jp/	AI技術によるストラテジーゲームおよびスマートフォンアプリなどモバイルサービスの企画・開発・運営を手がける。また、将棋AIの技術を活用した企業向けツール「HEROZ Kishin」で事業拡大をサポートしている。
システム開発 **株式会社フライトシステムコンサルティング** URL https://www.flight.co.jp/	「コンサルティング＆ソリューション事業」と「サービス事業」の2つの事業を軸に行う。AIと連携する「Pepper」向けのコンテンツ作成・管理クラウドサービス「Scenaria」を提供。
システム開発 **SOINN株式会社** URL https://soinn.com/	AIを客先向けにカスタマイズするIT企業。感情を除く多くの知的情報処理を行う学習型汎用人工脳「SOINN」を提供。また、GPSを使わずに位置情報を推定する「ICGM」を手がけている。
システム開発 **株式会社ファームノート** URL https://farmnote.jp/	酪農・畜産向けのクラウドサービスを提供しているITベンチャー企業。クラウドとAIを活用して、最適な牛の飼養管理を実現するウェアラブルデバイス「Farmnote Color」を発売。
システム開発 **株式会社バディネット** URL http://www.buddynet.jp/	通信キャリア向けのビジネス課題とニーズを分析。Wi-FiセンサーとAIを活用した店舗向け来店属性分析ソフト「Flow-Cockpit」を、トリノ・ガーデン株式会社と共同開発している。
システム開発 **株式会社ATJC** URL https://atjc-it.jp/	業務用アプリケーションやシステムの設計・開発、運用管理・保守を行う企業。AI研究室「AI×ほめるラボ」では筑波大学と提携しAIを使って人を褒めるユニークな研究に取り組んでいる。
プラットフォーム・インフラ **SENSY株式会社** URL https://sensy.ai/	パーソナルAI「SENSY」のプラットフォームを活用して、エンドユーザー向けのB2Cサービス、ビジネス向けのB2Bサービスを提供している。また、新規事業の構想策定および、立ち上げの支援を担う。
プラットフォーム・インフラ **株式会社tiwaki** URL https://www.tiwaki.com/	人工知能・機械学習・画像認識を専門とする企業。ドローン、自動運転など新興市場におけるコア技術を提供する。また、独自技術によるAR（拡張現実）プラットフォームを構築している。
プラットフォーム・インフラ **株式会社クロスコンパス** URL https://www.xcompass.com/	AIプラットフォーム構築や新たなアルゴリズム開発を手がけるベンチャー企業。製造、ロボティクス、医療化学、セキュリティを始めとしたさまざまな業界に向けたAIソリューションで実績を持つ。

プラットフォーム・インフラ **さくらインターネット株式会社** URL https://www.sakura.ad.jp/	サーバーの取り扱いを行っている国内最大手企業。データセンターを活用したインターネットサービスを展開。ディープラーニング向けGPUサーバー「さくらの専用サーバ　高火力シリーズ」を提供している。
プラットフォーム・インフラ **Amazon.com** URL https://aws.amazon.com/jp/machine-learning/	広く利用されている機械学習用プラットフォーム「Amazon Machine Learning」を提供。また、無人自動車の技術についての研究チームを組織し、特許を取得するなど、自動運転車の実用化にも力を注いでいる。
プラットフォーム・インフラ **Google** URL https://cloud.google.com/products/machine-learning/	コンピュータ囲碁プログラム「AlphaGo」の開発をはじめ、AIの発展や進歩に大きく貢献してきた。また、オープンソース機械学習ライブラリの「TensorFlow」などの機械学習サービスも提供している。
ソフトウェア・ハードウェア **NVIDIA合同会社** URL https://www.nvidia.com/ja-jp/	GPUを主に製造、開発しているIT企業。オープンソースソフトウェアのGPUアクセラレーションプラットフォーム「RAPIDS」を公開し、大規模データの分析や機械学習のパフォーマンスに貢献している。
ソフトウェア・ハードウェア **株式会社モルフォ** URL https://www.morphoinc.com/	スマートフォンをはじめとしたさまざまなプラットフォームにおいて、各種ソフトウェアを提供している企業。世界最速級のディープラーニング推論エンジン「SoftNeUro」を製品化し注目された。
ソフトウェア・ハードウェア **株式会社システム計画研究所** URL https://www.isp.co.jp/corporate/	人工知能分野において、ロボティクスAI、ビッグデータ創薬、Deep Learningを応用したソフトウェア開発を手がけている。少量のデータでAIを構築できる外観検査用のソフトウェア「gLupe」を提供。
ソフトウェア開発 **株式会社コンピュータマインド** URL http://www.compmind.co.jp/	制御系、金融系、業務系など、幅広い分野でのソフトウェア開発業務を行っている企業。「AIチーム」を構成し、異物検出、看板の文字列のテキスト化、画像のノイズ除去などのサービスを提供している。
ソフトウェア開発 **SAPジャパン株式会社** URL https://www.sap.com/japan/	基幹業務統合システム分野でシェア1位を誇るヨーロッパ最大級のコンピュータ開発企業「SAP SE」の日本法人。機械学習技術による分析機能によって請求と支払いの照合を自動化するほかさまざまなサービスを提供。
ロボット開発 **株式会社MUJIN** URL https://mujin.co.jp/	産業用ロボットのコントローラを提供しているソフトウェア企業。モーションプランニングAIが搭載された世界で唯一の汎用的な知能ロボットコントローラ「MUJINコントローラ」を取り扱う。
ロボット開発 **ファナック株式会社** URL https://www.fanuc.co.jp/	産業用ロボットメーカー。機械学習を用いることで高度な制御を可能にするAI機能や、ディープラーニングを活用した工作機械の開発も手がけるなど、製造現場の知能化に注力している。

Index

■ 問い合わせについて

本書の内容に関するご質問は、下記の宛先までFAXまたは書面にてお送りください。なお電話によるご質問、および本書に記載されている内容以外の事柄に関するご質問にはお答えできかねます。あらかじめご了承ください。

〒162-0846
東京都新宿区市谷左内町21-13
株式会社技術評論社　書籍編集部
「60分でわかる！　ディープラーニング　最前線」質問係
FAX：03-3513-6167

※ご質問の際に記載いただいた個人情報は、ご質問の返答以外の目的には使用いたしません。
また、ご質問の返答後は速やかに破棄させていただきます。

60分でわかる！　ディープラーニング　最前線

2018年12月4日　初版　第1刷発行

著者……ディープラーニング研究会
監修……関根　嵩之（株式会社リクルート）
発行者……片岡　巌
発行所……株式会社　技術評論社
東京都新宿区市谷左内町21-13
電話……03-3513-6150　販売促進部
03-3513-6160　書籍編集部
編集……リンクアップ
担当……矢野　俊博
装丁……菊池　祐（株式会社ライラック）
本文デザイン・DTP……リンクアップ
製本／印刷……大日本印刷株式会社

定価はカバーに表示してあります。

造本には細心の注意を払っておりますが、万一、乱丁（ページの乱れ）や落丁（ページの抜け）がございましたら、小社販売促進部までお送りください。送料小社負担にてお取り替えいたします。

ISBN978-4-297-10143-5　C3055

Printed in Japan